CAD/CAM 软件精品教程系列

Inventor

工业产品设计

潘玉山　王晓瑶　主编

电子工業出版社·

Publishing House of Electronics Industry

北京 · BEIJING

内 容 简 介

本书以 AutoDesk 公司的 Inventor 2017 为平台,以生产生活中的典型实例为主线,遵循由易到难、由简单到复杂的认知原则,按照"任务描述""任务分析""任务实施""知识链接""课后练习"编写顺序,图文并茂,伴随"注意""小技巧""特别提示",详细讲解零件模型设计、装配设计、表达视图创建和工程图创建过程,以及创建方法和技巧等。

本书可作为职业院校加工制造类专业教材,职业院校技能竞赛辅导用书,也可作为 CAD 培训机构培训教材和工程技术人员自学用书。

图书在版编目(CIP)数据

Inventor 工业产品设计 / 潘玉山,王晓瑶主编. —北京:电子工业出版社,2018.8

ISBN 978-7-121-34575-3

Ⅰ. ①I… Ⅱ. ①潘… ②王… Ⅲ. ①机械设计—计算机辅助设计—应用软件—职业教育—教材
Ⅳ. ①TH122

中国版本图书馆 CIP 数据核字(2018)第 137500 号

策划编辑:张　凌
责任编辑:张　凌
印　　刷:北京虎彩文化传播有限公司
装　　订:北京虎彩文化传播有限公司
出版发行:电子工业出版社
　　　　　北京市海淀区万寿路 173 信箱　邮编　100036
开　　本:787×1 092　1/16　印张:14　字数:358.4 千字
版　　次:2018 年 8 月第 1 版
印　　次:2021 年 8 月第 6 次印刷
定　　价:35.00 元

凡所购买电子工业出版社图书有缺损问题,请向购买书店调换。若书店售缺,请与本社发行部联系,联系及邮购电话:(010)88254888,88258888。

质量投诉请发邮件至 zlts@phei.com.cn,盗版侵权举报请发邮件至 dbqq@phei.com.cn。

本书咨询联系方式:(010)88254583,zling@phei.com.cn。

随着社会不断快速发展，人们生活水平越来越高，人们需要更多个性化功能齐全的产品，因而工业产品设计已经成为一个热门行业。越来越多的人愿意加入产品设计和开发的行列，并通过产品来展示设计者的水平和理念，所以工业产品设计竞赛活动逐渐兴起。工业产品设计竞赛通常都采用 Inventor 软件作为竞赛软件。

Inventor 软件是由美国 AutoDesk 公司于 1999 年年底推出的三维可视化实体模拟软件。它一般包含五个基本模块：零件造型（.ipt）、钣金（.ipt）、装配（.iam）、表达视图（.ipn）和工程图（.idw）。使用 Inventor 软件可以创建三维模型和二维制造工程图，并可以创建自适应的特征、零件和子部件，还可以管理上千个零件和大型部件，它的"连接到网络"工具可以使工作组人员协同工作，方便数据共享和设计人员间的沟通。它可以帮助设计人员更为轻松地重复利用已有的设计数据，生动地表现设计意图。借助其中全面关联的模型，零件设计中的任何变化都可以反映到装配模型和工程图文件中。由此，设计人员的工作效率将得到显著提高。

本书以 AutoDesk 公司的 Inventor 2017 为平台，以实例为主线，按照"任务描述""任务分析""任务实施""知识链接""课后练习"的顺序编写，图文并茂，伴随"注意""小技巧""特别提示"，详细讲解零件模型设计、装配设计、表达视图创建和工程图创建过程，以及创建方法和技巧等。具体内容包括：

项目一　零件模型设计（一）　通过创建拨叉、减速器箱体、茶杯等造型介绍了 Inventor 2017 的启动、建模工作环境、文件的建立和保存等内容；精讲了简单零件的建模方法和技巧，并以流程图的方式详细介绍了各个零件的建模思路。

项目二　零件模型设计（二）　通过创建酒壶、无线路由器上盖、去毛器外壳等零件模型，精讲了相对复杂零件及塑料零件的模型设计。

项目三　装配模型及表达视图创建　通过平口虎钳、油烟机的装配介绍了 Inventor 2017 的装配工作环境，精讲了零件的装配方法和技巧；通过创建平口虎钳的表达视图介绍了创建表达视图的工作环境，精讲了表达视图的创建方法和技巧。

项目四　工程图创建　通过创建拨叉零件、平口虎钳装配工程图，介绍了创建工程图的工作环境，精讲了工程图的创建方法和技巧。

本书采用理论与实践一体化的教学模式和案例式教学模式组织编写，注重由浅入深，从易到难，全书讲解翔实，图文并茂，语言简洁，思路清晰。

本书可以作为大中专院校相关专业和相关培训学院学生的教材，可作为工程技术人员的自学教材，也可作为工业产品创新设计大赛的辅助教材。随书所配电子资料包中包含所有实例的配套模型文件。

特别说明的是，书中的设计方案是本着介绍各种创建工具的原则给出的，因此模型创建等并不是最优方案，读者可在熟练掌握软件的应用后进行优化。本书由潘玉山、王晓瑶主编，在编写过程中参考了工业产品设计方面诸多论述、造型实例、教材和相关图册，在此表示感谢。书中难免存在疏漏之处，欢迎广大读者批评指正。

编　者

目 录

Contents

项目一

零件模型设计（一）

项目描述

　　零件模型设计就是按照一定方法为工业产品零件建立三维实体模型的过程，它为后续的装配图、工程图、表达视图及工程分析提供了重要的数据。应用 Autodesk Inventor 2017 软件进行模型设计主要包括草图绘制和创建特征两个部分，其一般设计思路是：

　　1．形体分析。将零件的整体形状分解成若干个单元体，或简化成若干个单元体。

　　2．绘制草图。根据单元体的形状，画出其截面轮廓或路径等二维图形。

　　3．添加草图特征。通过拉伸、旋转等造型工具生成单元体。

　　4．添加放置特征。通过打孔、倒角等工具创建零件细微结构。

　　5．重复2、3、4步骤，逐个完成零件其他单元体细微结构。

　　本项目选择了 3 个简单的典型零件，运用最常见的零件模型设计工具，由易到难，逐个完成零件的模型设计。

任务 1.1　拨叉零件模型设计

任务描述

　　拨叉（见图1-1-1）主要是通过拨动滑移齿轮，改变其在齿轮轴上的位置。拨叉也可用于机械产品中离合器的控制，如端面结合齿、内外齿，都需要用拨叉控制其一部分来实现结合与分离。通过对拨叉模型的设计达到以下目标。

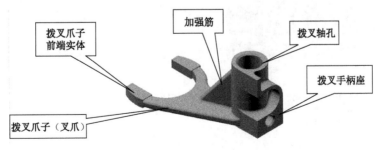

图 1-1-1　拨叉

1. 掌握草图创建基本知识，能正确使用二维草图工具，进行草图绘制。
2. 能够正确使用拉伸、加强筋命令完成相关操作。
3. 熟悉工作平面、定位轴等定位特征，能按造型需求建立合适的工作平面、定位轴。
4. 能正确使用孔、倒角和圆角放置特征。
5. 能正确进行形体分析，熟悉并体验模型设计一般思路。

任务分析

　　从结构上看，拨叉由叉爪、拨叉轴孔、加强筋和拨叉手柄座等部分组成。按由单元体叠加生成三维实体模型的方法，先创建圆柱体（拨叉轴），然后创建叉爪，最后创建拨叉手柄座。拨叉零件模型设计流程如图 1-1-2 所示。

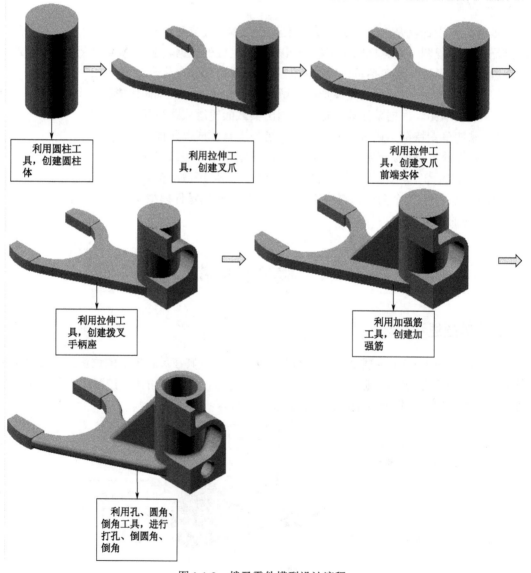

图 1-1-2　拨叉零件模型设计流程

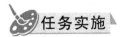任务实施

Step1 新建文件。

运行 Autodesk Inventor 2017，单击▢▾，在弹出的对话框中选择模型"创建模块"Standard.ipt▢，单击"创建"按钮（见图 1-1-3），或者在快速访问工具栏上，单击"新建"命令旁的下拉箭头，选择"零件"模板（见图 1-1-4），进入模型创建环境，如图 1-1-5 所示。模型创建环境与其他软件界面类似，包括功能区、状态栏、通信中心、文件选项卡、模型特征浏览器以及图形窗口等。

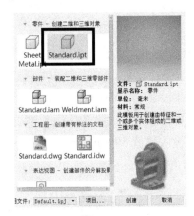

图 1-1-3

图 1-1-4

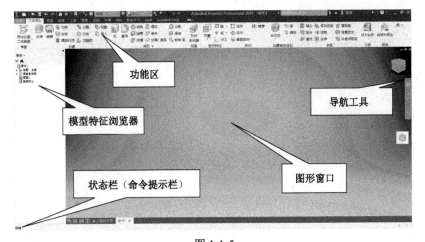

图 1-1-5

📋 **特别提示** ● ● ● ●

从 Inventor 2017 创建环境看，它不仅与以前版本环境类似，而且也与其他三维造型软件（如 UG，Pro/E）环境类似。与通用软件相比，如 Word，"模型特征浏览器"是其最主要特色，它记录了零件模型创建过程每一步信息以及特征之间的关系，极大地方便用户查询、编辑修改相关操作。作为软件的初学者必须要关注它。

建议你：每进行一步操作，观察一次"模型特征浏览器"的变化。

小技巧：

① 为了从不同的角度观察视图有两个途径，一是利用"视图"选项卡"导航"按钮

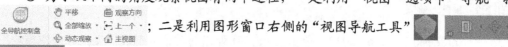

；二是利用图形窗口右侧的"视图导航工具"

。它们均可以实现图形移动、旋转、放大等操作。

② 鼠标的使用：单击左键（MB1）用于选择对象；单击右键（MB3）用于弹出对象的关联菜单；按下滚轮中键（MB2）用来平移图形对象；同时按下 F4 键+左键（MB1）并拖动可以动态观察视图；滚动中键（MB2）用于图形缩放操作。

在学习以下内容前，你熟悉了它们的使用方法了吗？

Step2 创建拨叉轴（圆柱体）。

在"三维模型"选项卡"基本要素"组中，选择"圆柱体" ；在图形窗口点选 XY 平面，如图 1-1-6 所示。

选择原点（0，0），作为圆柱体底面的中心，输入直径 26mm，按【Enter】键确认（或右键，选择确认），弹出"拉伸"对话框，选择距离，输入数值 50mm，选择拉伸方向，单击"确定"按钮（或按【Enter】键确定，后同）（见图 1-1-7）。

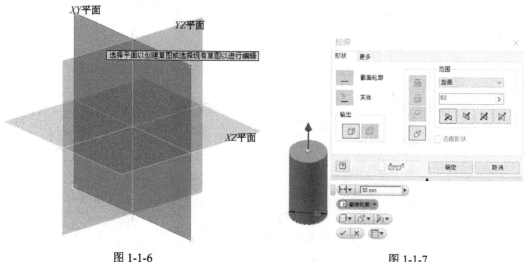

图 1-1-6   图 1-1-7

特别提示 ● ● ● ●

三维造型同机械制图中视图分析类似，通常分为两种情况，一种组合体造型，另一种是切割体造型。组合体造型又称叠加造型或增材造型，切割体造型也称减材造型。如图 1-1-8 所示的台阶可以按增材方式造型，即"长方体 1+长方体 2"；也可以按减材方式造型，即"长方体 4-长方体 3"。

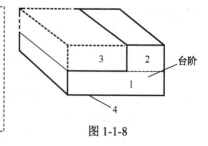

图 1-1-8

Step3 创建叉爪。

创建工作平面1。单击"三维模型"选项卡"定位特征"组中"平面"按钮 下方的小黑三角形，在弹出的菜单中选择"从平面偏移"选项 ，选择圆柱底面，输入平面偏移距离-7（见图1-1-9），单击 ✔ 按钮确认。

✏ 小技巧：

① 单击"创建二维草图"按钮 ，将鼠标放置在圆柱的底面上（此时圆柱底面轮廓变成红色），按住鼠标左键不动，向一侧拉伸，如图1-1-9所示，输入平面偏移距离-7（默认单位为mm）（从左侧特征模型浏览器中可以看见，系统创建工作平面1），单击 ✔ 按钮确认。

② 单击"平面"图标按钮 ，选择圆柱底面，在弹出的对话框中输入偏移距离-7。

图1-1-9

绘制叉爪草图1。单击"创建二维草图"按钮 ，选择"工作平面1"，进入草图绘制环境，如图1-1-10所示。

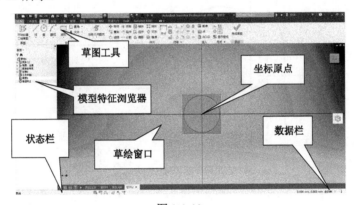

图1-1-10

📋 特别提示 ● ● ● ● ●

① 所有三维设计都是从草图开始，草图是进行三维设计的基础。通常情况下，基础特征和其他特征都是由包含在草图中的二维几何图元创建的。你必须打好绘制草图的基础！

② 从图1-1-10可以看出，草图绘制环境与AutoCAD环境比较类似。若你有二维制图基础，草图创建的学习也是不难的。

按图1-1-11所给的尺寸，绘制草图。

绘制两圆。单击"圆弧"按钮 ，绘制φ60的圆。按【Tab】键输入圆心X轴坐标-70，再按【Tab】键输入圆心Y轴坐标15，输入直径尺寸60；绘制φ44的圆，单击选择φ60的圆心，输入直径尺寸44。单击"尺寸标注"按钮 ，分别标注圆心距离原点（0，0）的水平和垂直尺寸。此时圆弧显示为蓝色，说明此圆弧位置和大小被固定，处于全约束状态。

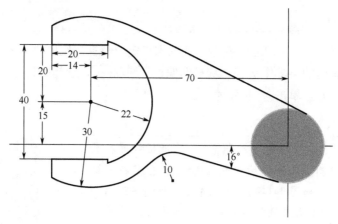

图 1-1-11

绘制两竖线。单击"直线"按钮 ∕，输入尺寸 *X*-84、*Y*50，将鼠标向下拖动，此时会出现角度如图 1-1-12 所示；输入直线的长度 70，按【Enter】键确认。

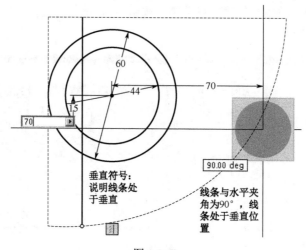

图 1-1-12

单击"偏移"按钮 ⚏，选择直线，按【Enter】键确认，向右侧拖动直线，按左键确认，单击"尺寸标注"按钮 ⊢⊣，标注两线之间距离，输入尺寸 20。

绘制两横线。单击"直线"按钮 ∕，输入尺寸 *X*-84、*Y*35，将鼠标水平拖动，与右侧直线（上一步偏移的直线）相交于一点，按【Enter】键确认。

单击"偏移"按钮 ⚏，选择直线，按【Enter】键确认，向下方拖动直线，按左键确认，单击"尺寸标注"按钮 ⊢⊣，标注两线之间距离，输入尺寸 40。

单击"修剪"按钮 ✂，对多余线条进行修剪。修剪结果如图 1-1-13 所示。

 注意：

> 此时有些线条需将尺寸删除后，才可以修剪。

绘制上方切线。单击"投影几何图元"按钮 🗊，选择圆柱端面，进行投影。

单击"直线"按钮 ✎，在图形上方外侧画任意两点间的倾斜直线。单击"约束"中的相切图标 △，分别单击位置①②和③④，使直线分别与 $\phi60$ 和 $\phi26$ 的圆弧外切（见图 1-1-14）。

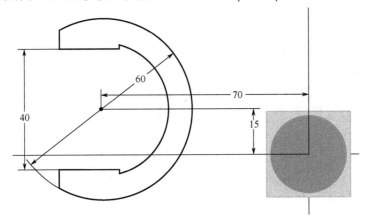

图 1-1-13

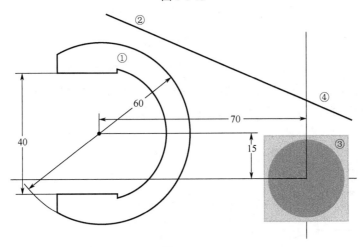

图 1-1-14

单击"修剪"按钮 ✂，对多余线条进行修剪。修剪结果如图 1-1-15 所示。

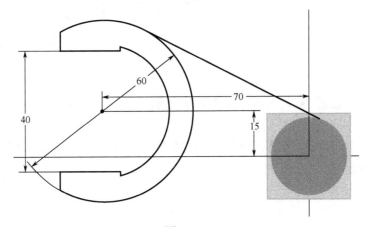

图 1-1-15

绘制下方与圆 $\phi26$ 相切直线和连接圆弧 $R10$。单击"直线" ，在图形下方外侧任意位置确定直线的起点，输入长度 45mm，与水平方向的夹角为 164°，按【Enter】键确认（见图 1-1-16）。

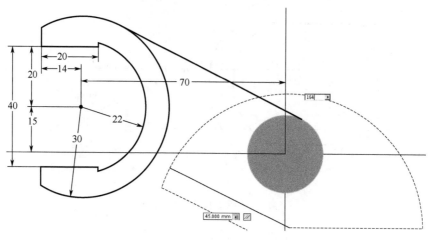

图 1-1-16

然后将光标放置在直线的上方端点上，当端点颜色变为绿色时，按住左键，顺势拖动画出圆弧。单击"尺寸标注"按钮 ，标注圆弧尺寸 $R10$。单击"约束"中的"相切" ，分别使圆弧与 $\phi60$ 圆外切，直线与 $\phi26$ 圆外切（见图 1-1-17）。

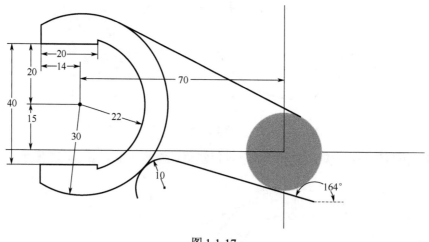

图 1-1-17

单击"修剪"按钮 ，对多余线条进行修剪。修剪结果如图 1-1-18 所示，单击"完成草图"按钮 ，退出草图。

拉伸实体。单击"拉伸"按钮 ，"截面轮廓"选择草图 1，其他选择如图 1-1-19 所示，完成叉爪的创建。

小技巧：

在创建草图时，有时会利用已建实体的边缘作为草图几何图元，借助"投影几何图元"，将已建实体的边缘投影到草图平面中来。这样可以极大提高草图创建速度和精度。这是一个非常实用的工具，你必须经常使用它。

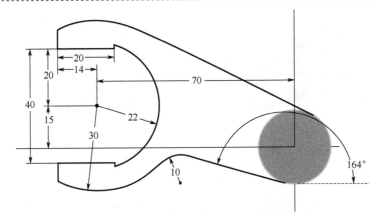

图 1-1-18

图 1-1-19

特别提示·····

草图绘制的基本步骤是先利用草图工具精确或粗略地绘制出草图几何图元，然后利用草图几何约束和尺寸约束工具约束几何图元，最后做必要的修剪整理等。具体创建技巧，见本节"知识链接"中的"知识点1"；约束工具见本节"知识链接"中的"知识点2"。

Step4 创建叉爪前端实体。

创建草图 2。单击"创建二维草图"按钮 ，单击左侧模型特征浏览器中的工作平面 1（或者将鼠标放置在圆柱的底面，此时圆柱底面轮廓变成红色，按住鼠标左键不动，向一侧拉伸，输入数值-7）作为绘图平面。

单击"投影几何图元" ，选择叉爪表面，进行投影。

单击"直线"按钮 ，输入端点坐标（-64，50），拖拉鼠标，使直线竖直交于ϕ60 圆弧一点，单击"修剪"按钮键 ，对多余线条进行修剪（见图 1-1-20）。

拉伸实体。单击"拉伸"按钮，"截面轮廓"选择草图2，其他选择如图1-1-21所示，输入距离7mm，完成叉爪前端实体的创建。

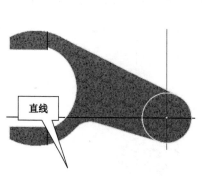

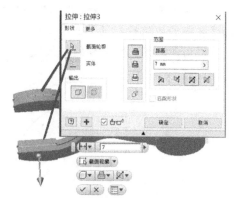

图1-1-20   图1-1-21

注意：

在使用"拉伸"工具时，选择不同的拉伸方向（共四种），其拉伸结果是不同的。在你尚不能确定拉伸方向情况下，可以逐个尝试，直到得到满意的结果。

Step5 创建拨叉手柄座（S形实体）。

创建工作平面2。单击"三维模型"选项卡"定位特征"组中"平面"按钮下方的小黑三角形，弹出下拉菜单，单击"从平面偏移"按钮，选择左侧模型特征浏览器→"原始坐标系"→"YZ平面"，弹出如图1-1-22所示对话框，输入平面偏移尺寸-20，单击"确定"按钮。

创建草图3。单击"创建二维草图"按钮，单击工作平面2，进入草图绘图环境，绘制如图1-1-23所示图形，单击"完成草图"按钮。

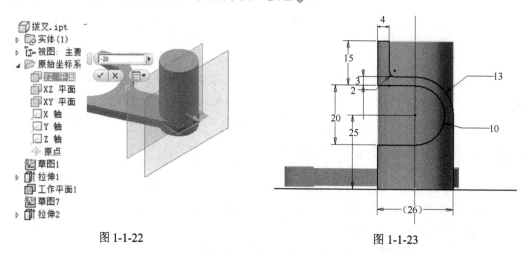

图1-1-22   图1-1-23

拉伸实体。单击"拉伸"按钮，"截面轮廓"选择草图3，终止方式选择拉伸到面，其他选择如图1-1-24所示，完成拨叉手柄座的创建。

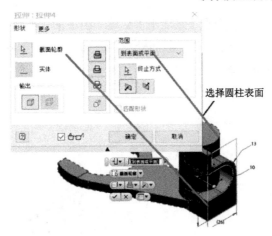

图 1-1-24

 特别提示 • • • • •

软件建模环境提供了一个原始坐标系，包括三个工作平面 $XY/YZ/ZX$；三个工作轴线 $X/Y/Z$ 和一个坐标原点（0，0，0）。在建模过程中应尽量直接使用原始坐标系，当原始坐标系提供的工作平面、工作轴线不能满足建模要求时，应灵活利用原始坐标系或已建模型上的平面或边线要素作为基准创建新的工作平面和工作轴线。具体创建方法，见"知识链接"中的"知识点 3"。你反复练习了吗？

Step6 创建加强筋。

创建工作轴。单击"三维模型"选项卡"定位特征"组中的"轴"按钮 ▱，然后选择 ϕ60 圆柱的轮廓曲线（见图 1-1-25）。

创建工作平面 3。单击"定位"特征中"平面"下方的小黑三角形，弹出下拉菜单，单击"平面绕边旋转"按钮 ▱，先选择上一步创建的工作轴，然后选择零件侧面，输入旋转角度 50，单击 ✓ 按钮确认（见图 1-1-25）。

创建草图 4。单击"创建二维草图"按钮 ▱，单击工作平面 3，进入草图绘图环境，绘制斜直线如图 1-1-26 所示，单击"完成草图"按钮 ✓。

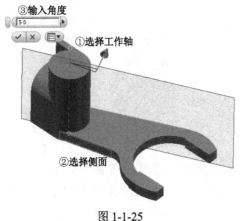

图 1-1-25

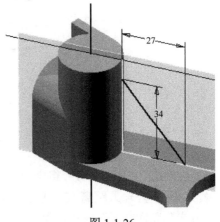

图 1-1-26

创建加强筋。单击"三维模型"选项卡"创建"组中的"加强筋"按钮 ，弹出"加强筋"对话框，选择"平行于草图"，"截面轮廓"选择草图 4，如图 1-1-27 所示，单击"确定"按钮，完成加强筋的创建。

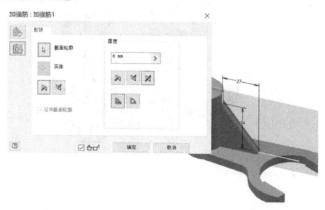

图 1-1-27

📋 **特别提示** ● ● ● ● ●

　　加强筋是一种特殊的结构，是铸件、塑胶件等不可或缺的设计结构，旨在增加结合面的强度。在加强筋特征对话框中，"截面轮廓"可以是开放或闭合的截面；加强筋厚度可以垂直于或平行于草图平面；截面轮廓的末端可以与零件不相交，只要勾选"延伸截面轮廓"复选框，截面轮廓会自动延伸。

　　此外，应注意"方向"选择，可以逐个尝试直到满意为止。

Step7 创建孔及螺纹。

创建 ϕ18 通孔。单击"修改"组中的"孔"按钮 🔘，弹出对话框，"平面"选择圆柱上端面，"同心参考"选择圆柱上端面轮廓边界线，其余选择如图 1-1-28 所示，单击"确定"按钮，完成 ϕ18 通孔的创建。

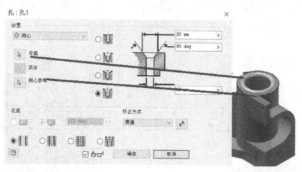

图 1-1-28

创建 ϕ8 孔。单击"修改"组中的"孔"按钮 🔘，弹出对话框，"平面"选择 S 形侧面，"参考"选择侧边，输入距离 13（见图 1-1-29）；"参考 2"选择底边，输入距离 9（见图 1-1-29），"终止方式"选择"到"内孔表面，单击"确定"按钮，完成 ϕ8 孔的创建。

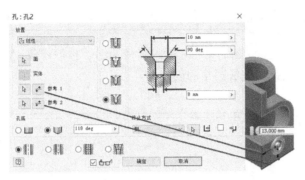

图 1-1-29

创建 ϕ4 孔。按创建 ϕ8 孔方法，"放置"选择"线性"，距离参考边 1、2 的距离均取 4mm，创建结果如图 1-1-30 所示。

创建 ϕ4 孔螺纹。单击"三维模型"选项卡"修改"组中的螺纹按钮 ，弹出"螺纹对话框"，选择 ϕ4 孔内表面，勾选"全螺纹"，单击"确定"按钮，如图 1-1-31 所示。

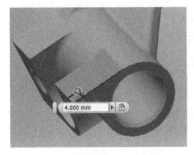

图 1-1-30

图 1-1-31

✎ **小技巧：**

"孔"特征创建的关键是确定孔中心的放置位置。从方便快速角度看，优先考虑的是"同心"放置，即模型上是否存在与该孔存在同心关系圆弧中心；其次是"线性"放置，即模型上是否存在确定孔中心位置的边线；最后是"草图"放置，利用草图工具可以确定任何一种情况孔中心位置。

Step8 倒角。

在"修改"组中单击"倒角"按钮 ，弹出对话框，选择"距离"，输入边长 1mm，如图 1-1-32 所示，选择孔边，单击"确定"按钮，完成倒角的创建。

📋 **特别提示** ● ● ● ●

除了"距离"选项外，还有"距离和角度""两段距离"，可视模型要求选择不同类型。

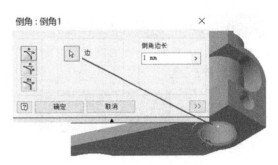

图 1-1-32

Step9 创建圆角。

单击"圆角"按钮 ，弹出对话框，输入半径 2mm，拾取线条，如图 1-1-33、图 1-1-34 所示，单击"确定"按钮，完成圆角的创建。

图 1-1-33

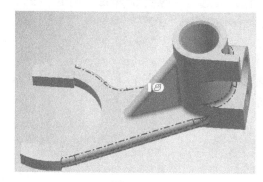

图 1-1-34

✏️ **小技巧：**

> 零件三维造型过程与生产加工过程非常类似，需要经历从粗加工、半精加工到精加工过程，或者说从毛坯、半成品到成品过程。软件提供的"基本要素"组中的长方体 、圆柱体 等是典型的毛坯生成工具。你能区分出上述造型过程使用的工具哪些属于粗加工工具，哪些属于半精加工和精加工工具吗？

Step10 单击"保存"按钮，输入文件名：拨叉。

🧰 **知识链接**

知识点 1 草图绘制方法与技巧

（1）草图的形状和大小

先确定草图的形状，再确定草图大小，添加约束，然后添加或编辑尺寸。

（2）用尺寸稳定草图

若要避免在改变尺寸时草图发生扭曲变形，请先改变较小值，然后再改变较大值。

（3）标注尺寸时大元素优先于小元素

在调整大小时为了避免扭曲，请标注草图的总长度和宽度，但要保持较小的元素为欠约束。

（4）添加第一个尺寸，以设置草图比例

在第一个零件草图中，放置第一个尺寸时将设定草图比例。放置第二个尺寸后，对第一个尺寸的编辑不会再改变草图的比例。（见图 1-1-35）

📋 **特别提示** ● ● ● ● ●

> 绘制草图，然后添加线性标注以指定草图比例。调整所有草图几何图元的大小，以匹配尺寸。

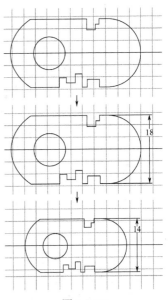

图 1-1-35

（5）使用较少约束绘制草图

应使用尽可能少的顶点和线段绘制草图截面轮廓。

（6）在截面轮廓中使用闭合回路

要使草图中的截面轮廓形成闭合回路，可以通过修剪（延伸）曲线来形成或者使用重合约束连接端点。

（7）尽可能使用构造几何图元

对于未在截面轮廓或路径中使用但可以帮助创建复杂草图的曲线，可以使用构造几何图元来约束。

（8）查找捕捉点

创建几何图元时，可以捕捉到中点、中心或交点。可在图形窗口中单击鼠标右键，然后从菜单中选择捕捉位置。

知识点 2 约束工具

约束可以限制、更改并定义草图的形状，分为尺寸约束和几何约束。这里主要说明常见的几何约束。

（1）重合约束

将点约束到二维或三维草图中的其他几何图元。其方法是：

① 在功能区上，单击"草图"选项卡→"约束"面板→"重合约束" ∟。

② 选择图 1-1-36 所示草图圆心，再选择曲线，则完成圆心与曲线"重合约束"。

（2）水平约束

水平约束：使直线、椭圆轴或成对的点平行于草图坐标系的 X 轴。水平约束设置方法如下：

① 在功能区上，单击"草图"选项卡→"约束"面板→"水平约束" 〰。

② 单击图 1-1-37 中所示的一条直线、一条椭圆轴或两个点。

③ 如果需要，可以继续单击线、椭圆轴或成对的点。

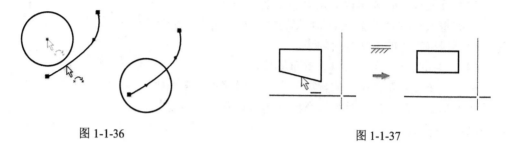

图 1-1-36　　　　　　　　　　　　　　图 1-1-37

 注意：

确保你选择了直线而不是直线中点。

（3）竖直约束

竖直约束：使直线、椭圆轴或成对的点平行于坐标系的 Y 轴。竖直约束设置方法如下：

① 在功能区上，单击"草图"选项卡→"约束"面板→"竖直约束" 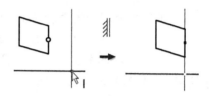。

② 单击图 1-1-38 中所示的两个点或一条直线，或一条椭圆轴。

图 1-1-38

（4）平行约束

平行约束：使选定的直线相互平行。在三维草图中，受平行约束的直线默认平行于 X、Y 或 Z 零件轴，除非手动约束才可使其平行于选定的几何图元。平行约束设置方法如下：

① 在功能区上，单击"草图"选项卡→"约束"面板→"平行约束" //。

② 单击图 1-1-39 中所示的第一条直线。

③ 单击图 1-1-39 中所示的第二条直线。

（5）共线约束

共线约束：可使选定的两条直线位于同一条直线上。

① 在功能区上，单击"草图"选项卡→"约束"面板→"共线约束" ✓。

② 单击图 1-1-40 中所示的左侧第一条水平直线。

③ 单击图 1-1-40 中所示的右侧第二条水平直线。

图 1-1-39　　　　　　　　　　　　　　图 1-1-40

（6）同心约束

同心约束：使两个圆弧、圆或椭圆具有同一圆心。

① 在功能区上，单击"草图"选项卡→"约束"面板→"同心约束" ◎。

② 单击图 1-1-41 中所示的一个圆（也可是圆弧或椭圆）。

③ 单击图 1-1-41 中所示的第二个圆（也可是圆弧或椭圆）使其与第一个圆同心。

（7）固定约束

固定约束：可将点和曲线固定在相对于草图坐标系的某个位置。如果移动或旋转草图坐标系，固定的曲线或点会随之移动。

① 在功能区上，单击"草图"选项卡→"约束"面板→"固定" 🔒。

② 单击图 1-1-42 中所示的一条曲线、一个圆心、中点或点。

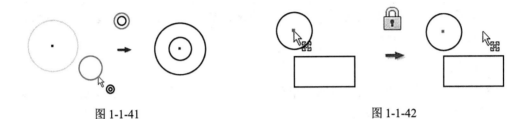

| 图 1-1-41 | 图 1-1-42 |

③ 根据需要，可以继续单击要固定的曲线或点。

（8）垂直约束

垂直约束：使所选线、曲线或椭圆轴互成 90° 角。

① 在功能区上，单击"草图"选项卡→"约束"面板→"垂直约束" ✓。

② 单击图 1-1-43 中所示的一条直线（也可是曲线或椭圆轴）。

③ 单击图 1-1-43 中所示第二条直线（也可是曲线或椭圆轴）。

 注意：

> 如果以后的设计更改要求旋转草图，则通常情况下，使直线互相垂直比使用水平或竖直约束（这将阻止旋转）更为合适。

（9）相切约束

相切约束：使曲线（包括样条曲线的端点）与其他曲线相切。即使两条曲线实际上没有共享点，它们也可以相切。

① 在功能区上，单击"草图"选项卡→"约束"面板→"相切" ◔。

② 单击图 1-1-44 中所示的直线。

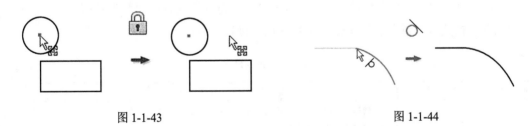

| 图 1-1-43 | 图 1-1-44 |

在草图中，选定的第一条曲线必须是样条曲线。随后选择的曲线可以是三维草图中与该样条曲线共享端点的任意几何图元，包括模型边。

③ 单击图 1-1-44 中所示的圆弧曲线。

（10）等半径或等长约束

等半径或等长约束：使选定圆和圆弧的半径相同，选定直线的长度相同。

① 在功能区上，单击"草图"选项卡→"约束"面板→"等长" ══ 。

② 单击图 1-1-45 中所示的一个圆（也可是圆弧）或直线。

③ 单击同类型的第二条线，使两条曲线等长。

注意：

如果第一次选择的是直线，则第二次只能选择直线。如果第一次选择的是圆弧或圆，则第二次只能选择圆弧或圆。

（11）对称约束

对称约束：使选定的直线或曲线相对于选定线对称约束。应用这种约束后，约束到选定几何图元的线段也会重定位。

① 在功能区上，单击"草图"选项卡→"约束"面板→"对称" [¦] 。

② 单击图 1-1-46 中所示的一条直线（也可以是曲线）。

③ 单击图 1-1-46 中所示的第二条直线（或曲线）。

④ 单击对称轴。

图 1-1-45　　　　　　　　　　　　　　　　　图 1-1-46

知识点 3 工作特征的创建

工作特征是抽象构造几何图元的方法。在几何图元不足以创建和定位新特征时，可以使用工作特征。

（1）工作轴的创建

访问功能区：单击"三维模型"选项卡→"定位特征"面板→"轴"按钮 ╱ 。

"轴"下拉菜单提供了以下工作轴创建选项，见表 1-1-1。

表 1-1-1　工作轴创建选项

图　标	名　称	选　择　方　法	结　果
╱	轴	·选择一个线性边、草图直线或三维草图直线，沿所选的几何图元创建工作轴 ·选择一个旋转特征，沿其旋转轴创建工作轴 ·选择两个有效点，创建通过它们的工作轴 ·选择一个工作点和一个平面（或面），创建与平面（或面）成法向并通过该工作点的工作轴	创建通过选定对象的工作轴

续表

图 标	名 称	选 择 方 法	结 果
	轴	· 选择两个非平行平面，在其相交位置创建工作轴 · 选择一条直线和一个平面，使创建的工作轴与沿平面法向投影到平面上的直线的端点重合	
	在线或边上	选择线性边，也可以选择二维和三维草图线	创建的工作轴与选定的线性边或草图线共线
	平行于线且通过点	先选端点、中点、草图点或工作点，然后选择线性边或草图线	创建的工作轴平行于选定的线性边并且通过所选的点
	通过两点	选择两个端点、交点、中点、草图点或工作点。不能选择部件中的中点	创建的工作轴通过所选的点，它的正方向从第一点指向第二点
	两个平面的交集	选择两个非平行的工作平面或平面	创建的工作轴与平面间的交线重合
	垂直于平面且通过点	选择一个平面或工作平面和一个点	创建的工作轴垂直于所选平面，并且通过所选的点
	通过圆形或椭圆形边的中心	选择圆形或椭圆形边，也可以选择圆角边	创建的工作轴与圆形、椭圆形或圆角的轴重合
	通过旋转面或特征	旋转面或特征	创建的工作轴与面或特征的轴重合

（2）工作平面的创建

访问功能区：单击"三维模型"选项卡→"定位特征"面板→"平面" 。

"平面"下拉菜单提供了以下工作平面创建选项，见表 1-1-2。

表 1-1-2　工作平面创建选项

图 标	名 称	选 择 方 法	结 果
	平面	选择合适的顶点、边或面以定义工作平面	创建通过选定对象的工作平面
	从平面偏移	选择平面。单击该面并沿偏移方向拖动。在编辑框中输入指定偏移距离的值	创建的工作平面在指定偏移距离处与所选面平行
	平行于平面且通过点	选择一个平面（或工作平面）和任意一点，不分顺序	工作平面采用所选平面的坐标系方向
	在两个平行平面之间的中间面	选择两个平行平面或工作平面	新工作平面采用第一个选定平面的坐标系方向，并具有与第一个选定平面相同的外法向
	圆环体的中间面	选择圆环体	创建的工作平面通过圆环体的中心或中间面
	平面绕边旋转的角度	选择一个零件面或平面和平行于该面的任意边或线	创建与零件面或平面成 90° 角的工作平面。在编辑框中输入所需的角度并单击复选标记以重设新的角度
	三点	选择任意三个点（端点、交点、中点、工作点）	X 轴正向从第一点指向第二点。Y 轴正向通过第三点与 X 轴正向垂直

图 标	名 称	选 择 方 法	结 果
	两条共面边	选择两条共面工作轴、边或线	X轴正向指向第一条选定边的方向
	与曲面相切且通过边	选择一个曲面和一条线性边，不分顺序	X轴由相切于面的线来定义。Y轴正向定义为从X轴到该边的方向
	与曲面相切且通过点	选择一个曲面和一个端点、中点或工作点	X轴由相切于面的线来定义。Y轴正向的定义是从X轴指向该点
	与曲面相切且平行于平面	选择一个曲面和一个平面（或工作平面），不分顺序	新工作平面坐标系是由选定平面衍生的。也可以用此方法来创建与一个面或平面（与某个平面成法向）相切的工作平面
	与轴垂直且通过点	选择一条线性边（或轴）和一个点，不分顺序	X轴正向是从平面与轴的相交处到选定点的方向。指定Y轴的正向
	在指定点处与曲线垂直	选择一条非线性边或草图曲线（圆弧、圆、椭圆或样条曲线）和曲线上的顶点、边的中点、草图点或工作点	新工作平面过该点并与曲线成法向

（3）工作点的创建

访问功能区：

- 在三维草图中，单击"模型"→"定位特征"，然后单击"点"或"固定点"。
- 在零件文件中，单击"模型"→"定位特征"，然后单击"点"或"固定点"。
- 在部件文件中，单击"三维模型"选项卡→"定位特征"面板→"点"。

"点"下拉菜单提供了以下工作点的创建选项，见表1-1-3。

表1-1-3　工作点创建选项

图 标	名 称	选 择 方 法
	点	选择合适的模型顶点、边和轴的交点、三个非平行面或平面的交点来创建工作点
	固定点	单击某个工作点、中点或顶点。图钉光标符号指明选定的点是固定的
	在顶点、草图点或中点上	选择二维或三维草图点、顶点、线或线性边的端点或中点
	三个平面的交集	选择平面（或工作平面）和工作轴（或直线）。或者，选择曲面和草图线、直边或工作轴
	边回路的中心点	首先，单击鼠标右键，然后从弹出的关联菜单中选择"回路选择"。然后选择封闭的边回路中的一条边
	圆环体的圆心	选择圆环体
	球体的球心	选择球体

注意：

零件中，可以在使用其他定位特征命令时创建"内嵌"非固定工作点。一旦创建了工作点，"点"命令便终止。

课后练习

1. 根据所给图形（见图 1-1-47）尺寸，创建二维草图。

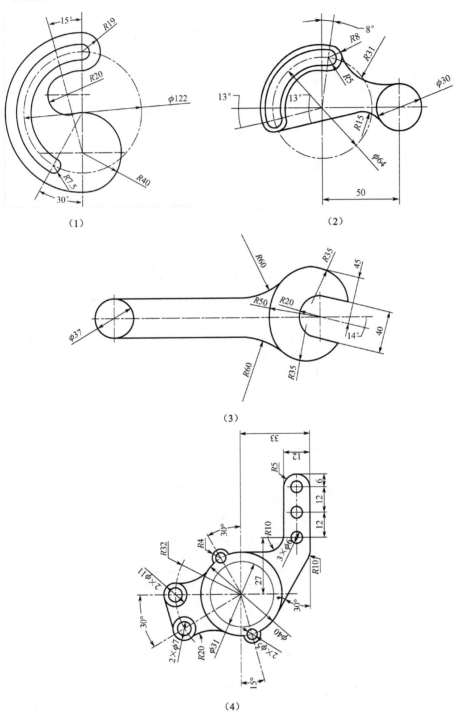

（1）

（2）

（3）

（4）

图 1-1-47

2．根据所给的零件（见图 1-1-48）尺寸，进行模型设计。

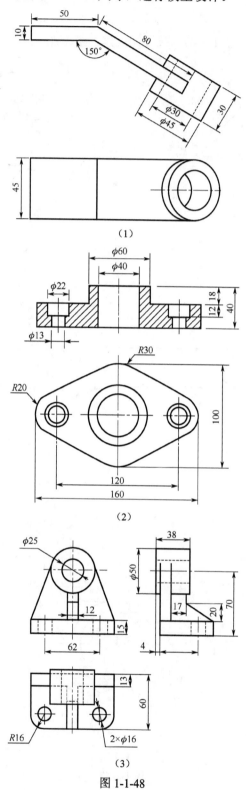

图 1-1-48

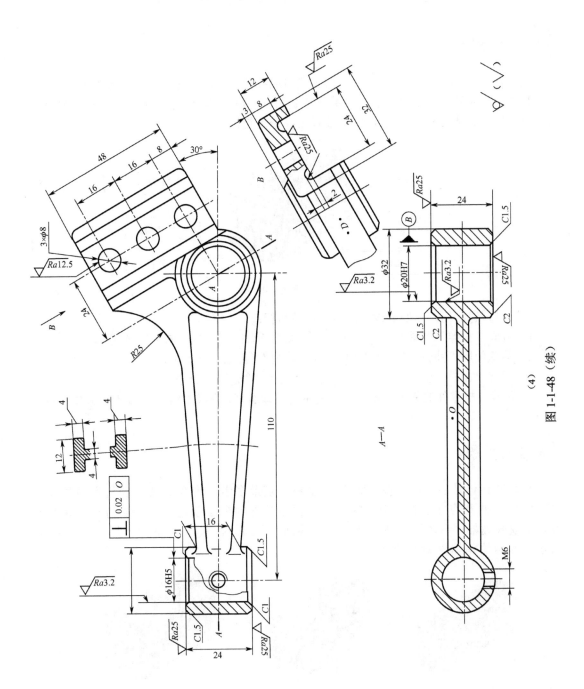

图 1-1-48（续）

任务 1.2 减速器箱体模型设计

任务描述

减速器箱体（见图1-2-1）是减速器主要组成零件，大多数采用铸件，起支承、容纳、定位等作用，内外形状比较复杂。由图 1-2-1 可知，减速器箱体主要包括安装传动轴承的凸台，箱型，安装底座（垫块），加强筋以及孔槽等特征组成。

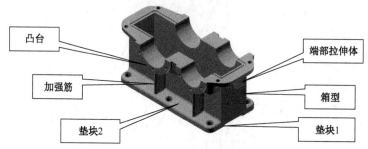

图 1-2-1 减速器箱体

通过对减速器箱体模型的设计应达到以下目标：

1．巩固"拉伸"工具操作，正确选用"增料"（求并）与"减料"（求差）。

2．熟练使用"抽壳""环形阵列""矩形阵列""镜像"等工具。

3．理解"拔模斜度"，熟悉并熟练运用"合并""分割"命令。

4．正确分析零件的基本结构，熟练基本几何体造型，在实战训练中逐步建立模型设计思路。

任务分析

减速器箱体是由中间箱型、底座（垫块）以及多组凸台等组成。在进行模型设计时，先通过抽壳的方法创建中间的箱型，再用拉伸的方法创建底座的长方形垫块和凸台，形成减速器"毛坯"，最后利用孔、加强筋等工具对"毛坯"进行精加工。图 1-2-2 所示为减速器箱体模型设计流程。

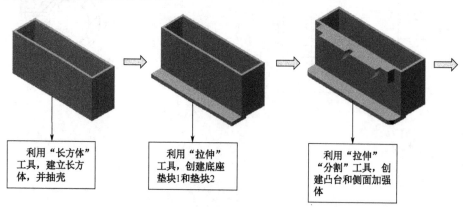

图 1-2-2 减速器箱体模型设计流程

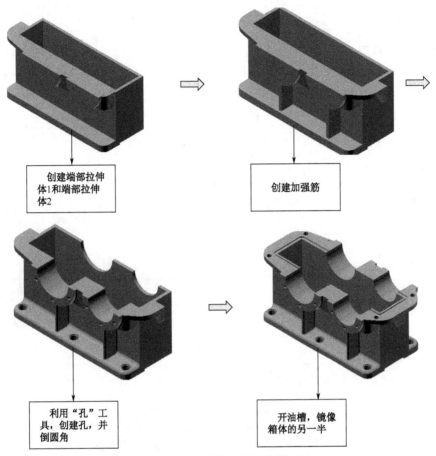

创建端部拉伸
体1和端部拉伸
体2

创建加强筋

利用"孔"工
具，创建孔，并
倒圆角

开油槽，镜像
箱体的另一半

图 1-2-2　减速器箱体模型设计流程（续）

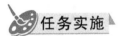任务实施

Step1　新建文件。

单击 ，选择 Standard.ipt ，建立零件图，单击"创建"按钮。

Step2　创建中间的箱型。

创建长方体。单击"长方体"按钮 ，单击 *XZ* 平面，单击左键选择原点（0，0），作为长方体的中心，输入长度 368，按【Tab】键切换到下一个输入，输入高度 165，按【Enter】键确认；再输入宽度 102，按【Enter】键确认，如图 1-2-3、图 1-2-4 所示。

抽壳。单击"抽壳"按钮 ，在弹出的对话框中选择抽壳的方向向内，输入壳体厚度尺寸 8，选择开口面为长方体的顶面，如图 1-2-5 所示，单击"确定"按钮，完成中间箱型的创建。

📋 **特别提示** ● ● ● ●

　　"抽壳"工具用于在三维实体上，通过指定面的厚度（也可以指定不同面的厚度），移除零件的一个或多个面（"开口面"），创建一个被挖空的壳体。特别适合于内外复杂形状一致的壳体，如塑料饮料瓶等。

　　具体创建方法，见本节"知识链接"中的"知识点1"。

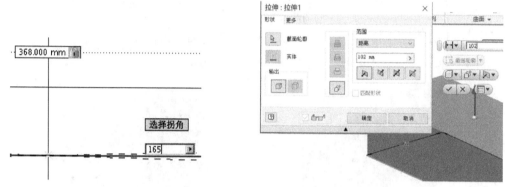

图 1-2-3　　　　　　　　　　　　　　　　　　图 1-2-4

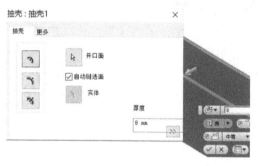

图 1-2-5

📝 **注意**：

　　当为零件创建"抽壳"时，在此之前添加到实体上的所有特征都会受到影响，因此，使用"抽壳"特征时要特别注意特征的顺序。

✏️ **小技巧**：

　　善于使用鼠标右键：在任何区域内单击右键一般都会弹出一个快捷菜单，并悬浮于图形窗口上，提示用户输入操作数值或执行相关工具，加快模型创建速度。

 创建底部垫块 1。

　　创建草图 1。单击"创建二维草图"按钮 ✎，选择长方体的底面作为草图绘制平面，单击"矩形"下方的三角形，在弹出的下拉菜单中单击"两点矩形" ▭，选择长方体的端点作为起始点，拖动鼠标，输入长度尺寸 368，按【Tab】键（不能按【Enter】键），光标跳至下一输入数值窗口，输入 60，按【Enter】键确认。标注尺寸，如图 1-2-6 所示，单击"完成草图"按钮，退出草图。

创建底部垫块 1。单击"拉伸"按钮，在弹出的对话框中选择拉伸方向为对称拉伸，其他选择如图 1-2-7 所示，输入尺寸 5mm，"截面轮廓"选择草图 1，单击"确定"按钮，完成底部垫块 1 的创建。

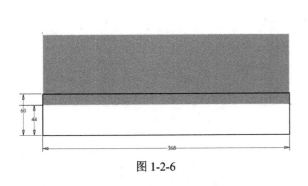

图 1-2-6

图 1-2-7

Step4　创建底部垫块 2。

创建草图 2。单击"创建二维草图"按钮，选择上一步拉伸垫块的上表面作为草图绘制平面，如图 1-2-8 所示，[单击"投影几何图元"按钮，选择表面（或者依次选择图形轮廓线）将进行投影（此步骤可以省略）]，单击"完成草图"按钮。

创建底部垫块 2。单击"拉伸"按钮，在弹出对话框中选择拉伸方向，输入尺寸 15mm，"截面轮廓"选择草图 2，如图 1-2-9 所示，单击"确定"按钮，完成底部垫块 2 的创建。

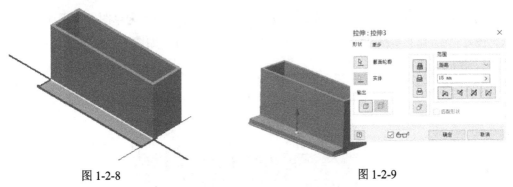

图 1-2-8　　　　　　　　　　　　　　　　图 1-2-9

特别提示 ● ● ● ●

① 此处底部垫块分两部分完成，能否一次完成呢？回答是肯定的。你的方案是什么呢？

② Step4 还有一种更快捷方法：单击"三维模型"选项卡"修改"组中的"加厚/偏移"按钮或"直接"按钮，弹出相应对话框，选择图 1-2-8 表面，给定表面移动距离 15，即可完成。

可见，三维造型设计方法不是固定的，"条条大路通罗马"。

请你记住：只有在大量实践中，你才会真正体会到造型的技巧和造型的乐趣。

Step5 倒圆角。

单击"圆角"按钮 ，在弹出的对话框中选择"边圆角""等半径"，在数值区域单击左键，输入数值圆弧半径20mm，选择模式为"边"，选择底座角的直线，如图1-2-10所示，单击"确定"按钮，完成圆角创建。

图 1-2-10

📋 **特别提示** ● ● ● ●

"倒圆角"等属于精加工工具，一般安排在模型设计最后部分。

Step6 创建凸台。

创建草图3。单击"创建二维草图"按钮 📝，将箱体侧面作为草图绘制平面，单击"圆弧"按钮 ⭕，画直径为φ149.4、φ129.4的圆，并标注尺寸，如图1-2-11所示，单击"完成草图"按钮 ✔。

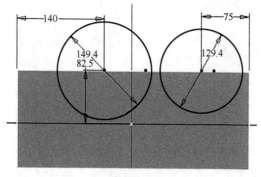

图 1-2-11

创建凸台。单击"拉伸"按钮 📦，在弹出的对话框中选择拉伸方向，输入尺寸47mm，单击对话框上的"更多"按钮，输入锥度-5.71，"截面轮廓"选择草图3，如图1-2-12所示，单击"确定"按钮，完成凸台创建。

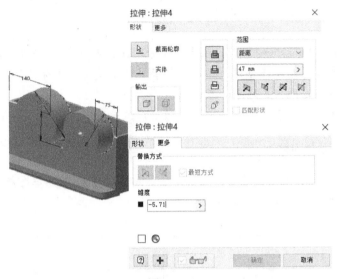

图 1-2-12

Step7 分割凸台。

创建分割工作平面 1。单击"平面"按钮，选择箱体上表面，以创建一个与箱体上表面相重合的工作平面，如图 1-2-13 所示，单击 ✓ 按钮确认。

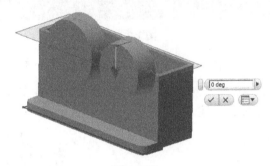

图 1-2-13

分割凸台。单击"分割"按钮，在弹出对话框中选择"修剪实体"，选择要修剪的方向向上，单击分割工具按钮，然后选择工作平面 1，如图 1-2-14 所示，单击"确定"按钮，完成凸台的分割。

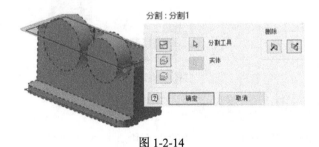

图 1-2-14

特别提示 ● ● ● ●

> "分割"工具,如同"一把刀",主要用于分割面、修剪零件、获得曲面轮廓,或者将零件分割成两个实体。选择或创建合适的分割面(线)是使用"分割"工具的关键。分割工具可以是草图截面轮廓、工作平面或曲面。
>
> 具体创建方法,见本节"知识链接"中的"知识点2"。

Step8 创建侧面加强体。

创建草图 4。单击"二维草图"按钮 ✏，将箱体侧面作为草图绘制平面,绘制如图 1-2-15 所示的图形,单击"完成草图"按钮 ✔。

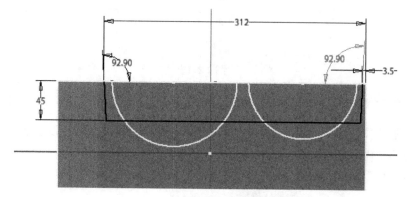

图 1-2-15

创建侧面加强体。单击"拉伸"按钮 ▯,在弹出的对话框中选择"新建实体",输入拉伸距离 40mm,然后选择拉伸方向,"截面轮廓"选择草图 4,如图 1-2-16 所示,单击"确定"按钮,完成侧面加强体的创建。

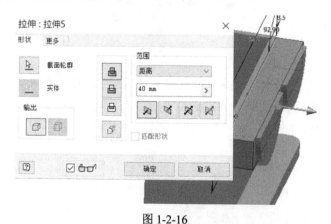

图 1-2-16

Step9 创建侧面加强体的拔模斜度。

在功能区"三维造型"选项卡的"修改"组中,单击"拔模" ◩,选择"固定平面"拔模方式,固定平面选择箱体上表面,拔模面选择加强体的侧面,输入拔模斜度 2.8,

如图 1-2-17 所示，单击"确定"按钮，完成侧面加强体的拔模斜度创建。

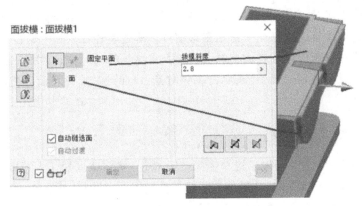

图 1-2-17

特别提示 ● ● ● ●

　　拔模斜度是应用到零件面的斜角，便于零件可以从模具中取出。一般情况下，在对产品设计的同时可以直接指定拔模斜度，如拉伸。若要给现有面添加拔模斜度，则必须使用"拔模"工具。

　　"拔模"操作关键是回答对谁拔模、从何处开始拔模、往何处斜角这三个基本问题。

　　具体创建方法，见本节"知识链接"中的"知识点 3"。

Step10　倒圆角。

　　单击"圆角"按钮 🔲，在弹出的对话框中选择"边圆角""等半径"，在数值区域单击左键，输入数值圆弧半径 18，选择模式为"边"，选择直线，如图 1-2-18 所示，单击"确定"按钮，完成圆角的创建。

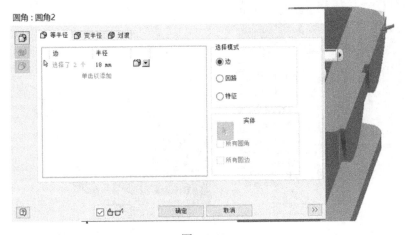

图 1-2-18

📋 **特别提示** • • • • •

> 关于"编辑"操作：所谓编辑，通俗讲就是修改。软件无论执行什么操作后均可以进行编辑修改。进入编辑的途径：一是在图形窗口，单击某特征，如"倒圆角"，即出现 📝 ，单击即进入编辑对话框；二是在浏览器上，单击需要编辑的对象，右击，选择"编辑特征"或"编辑草图"或"编辑位置"（或双击编辑对象），即进入编辑界面，完成编辑。
>
> 你练习了吗？

Step11 创建端部拉伸体 1。

创建维草图 5。单击"创建二维草图"按钮 🖊 ，将箱体顶面作为草图绘制平面，绘制草图如图 1-2-19 所示，单击"投影几何图元"按钮 📋 ，投影几何图元。

单击"偏移"按钮 ⚏ ，单击鼠标右键将回路选择前的钩去掉（这样可以选择单一线条进行偏移），然后单击线条①，按【Enter】键确认，向一侧拖动线条到合适位置，单击左键确认；再次分别单击线条①和②，拖动线条到合适位置，单击左键确认；然后标注尺寸 30、51 和 66。

单击"圆弧"按钮 ⬤ ，在任意位置画圆，并标注尺寸 R44（通过尺寸 6 和 9 来控制圆的位置）。

单击"直线"按钮 ／ ，从交点开始画直线，然后选择"约束"特征中的"相切" ⬤ ，分别选择圆弧和直线，使圆弧和直线相切。单击"修剪"按钮 ✂ 修剪多余的线条，单击"完成草图"按钮 ✔ ，如图 1-2-19 所示。

创建端部拉伸体 1。单击"拉伸"按钮 📑 ，在弹出的对话框中选择拉伸距离，输入尺寸 12mm，选择拉伸方向，"截面轮廓"选择草图 5，单击"确定"按钮，如图 1-2-20 所示。

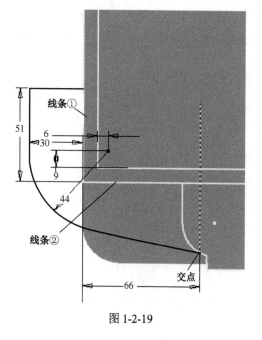

图 1-2-19

图 1-2-20

Step12 创建端部拉伸体 **1** 的拔模斜度。

单击"拔模斜度"按钮 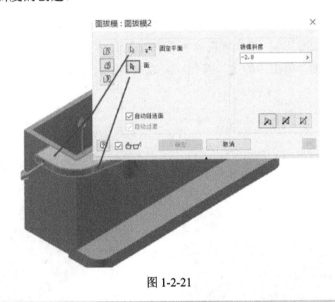，选择"面拔模"，固定平面选择拉伸体 1 的上表面，拔模面选择拉伸体 1 的侧面，输入数值-2.8，如图 1-2-21 所示，单击"确定"按钮，完成端部拉伸体 1 的拔模斜度的创建。

图 1-2-21

Step13 创建另一端的端部拉伸体 **2**。

创建草图 6。单击"创建二维草图"按钮 ，将箱体顶面作为草图绘制平面，绘制如图 1-2-22 所示的草图，单击"完成草图"按钮 。

单击"拉伸"按钮 ，在弹出的对话框中选择拉伸距离，输入尺寸 12mm，选择拉伸方向，"截面轮廓"选择草图 6，如图 1-2-23 所示，单击"确定"按钮，完成端部拉伸体 2 的创建。

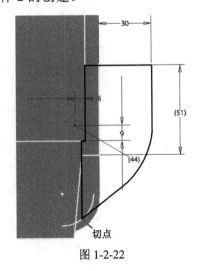

图 1-2-22

图 1-2-23

Step14 创建端部拉伸体 2 的拔模斜度。

单击"拔模斜度"按钮 🗇，选择"面拔模"，固定平面选择拉伸体 2 的上表面，拔模面选择拉伸体 2 的侧面，输入数值-2.8，如图 1-2-24 所示，单击"确定"按钮，完成端部拉伸体 2 的拔模斜度的创建。

Step15 合并实体。

单击"合并"按钮 🗇，基础视图选择箱体，工具体分别选择侧面加强体和端部拉伸体，如图 1-2-25 所示，单击"确定"按钮，完成实体的合并。

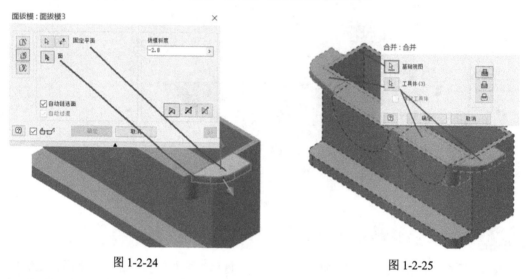

图 1-2-24   图 1-2-25

Step16 创建拉伸体 3。

创建草图 7。单击"创建二维草图"按钮 🗇，草图平面选择端部拉伸体 2 的侧面，如图 1-2-26 所示。绘制如图 1-2-27 所示的草图。

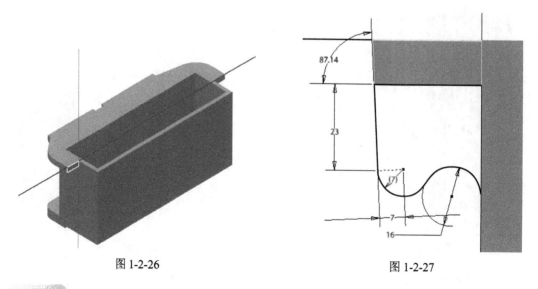

图 1-2-26   图 1-2-27

创建拉伸体 3。单击"拉伸"按钮，在弹出对话框中选择拉伸距离，输入尺寸 12mm，选择拉伸方向，"截面轮廓"选择草图 7，如图 1-2-28 所示，单击"确定"按钮，完成拉伸体 3 的创建。

Step17　创建拉伸体 4。

创建草图 8。单击"创建二维草图"按钮，草图平面选择端部拉伸体 1 的侧面，如图 1-2-29 所示。绘制如图 1-2-30 所示的草图。

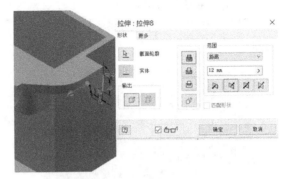

图 1-2-28

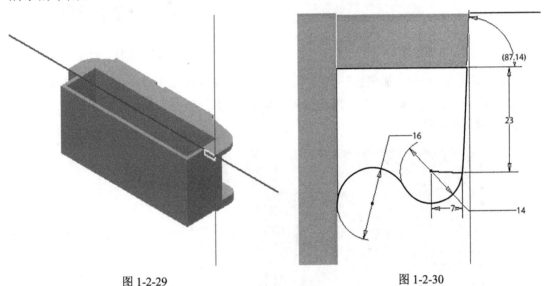

图 1-2-29

图 1-2-30

创建拉伸体 4。单击"拉伸"按钮，在弹出对话框中选择拉伸距离，输入尺寸 12mm，选择拉伸方向，"截面轮廓"选择草图 8，如图 1-2-31 所示，单击"确定"按钮，完成拉伸体 4 的创建。

Step18　创建加强筋。

创建工作轴。单击"工作轴"按钮，选择凸台的轮廓线，创建与凸台轴线重合的工作轴。

创建工作平面 2。单击"平面"按钮，在原始坐标系下选择 YZ 平面，再选择工作轴，输入旋转角度 0，如图 1-2-32 所

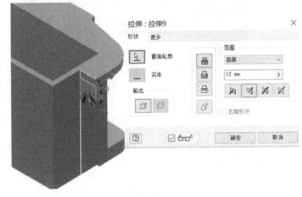

图 1-2-31

示，单击"确定"按钮。

创建草图9。单击"创建二维草图"按钮 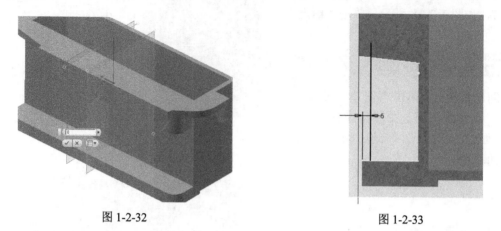，选择工作平面2，绘制如图1-2-33所示的图形。

图1-2-32　　　　　　　　　　　　　　　图1-2-33

创建加强筋。单击"加强筋"按钮 ，选择"垂直于草图"，"距离"输入8mm，"方向"为双向拉伸，"截面轮廓"选择草图9，拉伸到表面，如图1-2-34所示，单击"确定"按钮，完成加强筋的创建。

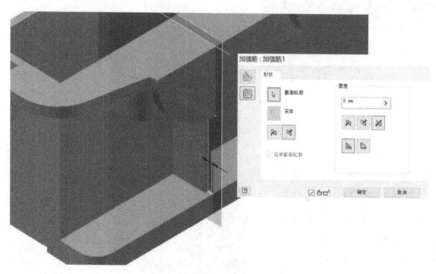

图1-2-34

阵列加强筋。单击"三维模型"选项卡"阵列"组中的"矩形阵列"按钮 ，拾取轮廓线作为阵列的方向，阵列个数2，间距153mm，如图1-2-35所示，单击"确定"按钮，完成加强筋的阵列。

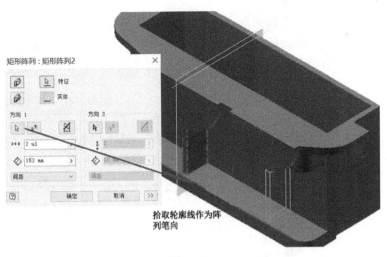

图 1-2-35

 特别提示 ● ● ● ● ●

　　在构建模型时，同一个零件上包含了多个相同的特征实体，且这些特征或实体在零件中的位置有一定规律，就可以使用"阵列"工具。常见的"阵列"工具有"矩形阵列"和"环形阵列"。

　　执行"阵列"的关键是放置"方向"的确定。对于"矩形阵列"是相互垂直的两个方向；对于"环形阵列"是回转中心线。若模型上没有确定方向边线等要素，可以利用"定位特征"工具进行创建。

 注意：

　　由于 Step18 只阵列了一个方向筋板，所以"方向 2"不需要选择，若选择"方向 2"的方向，则必须在阵列数量中填写"1"。

Step19　创建螺纹孔。

　　创建草图 10。单击"创建二维草图"按钮 ✏️，选择凸台的端面，绘制如图 1-2-36 所示的图形，单击"圆"按钮 ⊙，选择凸台投影的直线中点为圆心，输入直径 120，完成圆的绘制。过圆心画与水平方向成 30° 的斜线，与圆弧交于一点，单击"点"按钮 ┼，选择交点，单击"完成草图"按钮 ✅。

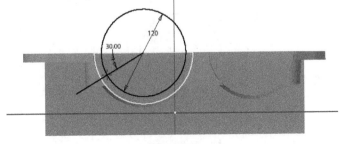

图 1-2-36

创建螺纹孔。单击"孔"按钮 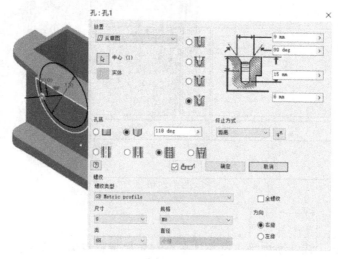，在弹出的"孔"对话框中，"放置"方式选择"从草图"，选择"螺纹孔"，螺纹类型选择 GB，沉头孔，输入尺寸孔径 8mm，孔深 15mm，如图 1-2-37 所示，选择草图 10"点"╀标志，单击"确定"按钮，完成孔的创建。

图 1-2-37

阵列孔。单击"旋转阵列"按钮 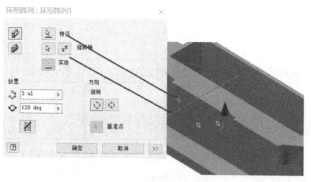，选择阵列对象为孔，单击"旋转轴"按钮，选择凸台的轮廓线，输入数值 3，角度 120，如图 1-2-38 所示，单击"确定"按钮，完成孔的阵列。

图 1-2-38

同理绘制另一凸台上的孔。创建尺寸如图 1-2-39 所示。

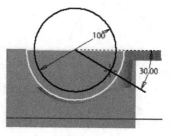

图 1-2-39

Step20 创建底座沉头孔。

创建沉头孔。单击"孔" 按钮，在弹出的"孔"对话框中，选择"沉头孔"，输入尺寸孔径 20mm，"终止方式"贯通，如图 1-2-40 所示，单击"确定"按钮，完成底座沉头孔的创建。

阵列沉头孔。单击"矩形阵列"按钮 ，拾取阵列对象"沉头孔"，拾取轮廓线作为阵列的方向，设置阵列个数 3，间距 164mm，如图 1-2-41 所示，单击"确定"按钮，完成底座沉头孔的阵列。

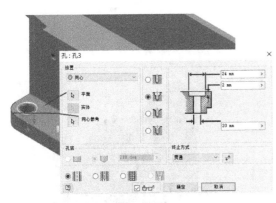

图 1-2-40

图 1-2-41

Step21 创建 ϕ100 的孔。

单击"孔"按钮，在弹出的"孔"对话框中，"放置"方式选择"同心"，"平面"选择凸台半圆面，"同心参考"选择凸台的外圆弧，直径尺寸输入 100mm，如图 1-2-42 所示，单击"确定"按钮，完成 ϕ100 孔的创建。

同样方法，完成 ϕ80 孔的创建，如图 1-2-43 所示。

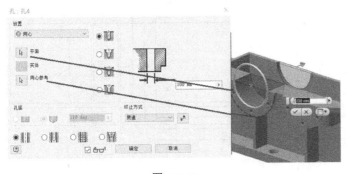

图 1-2-42

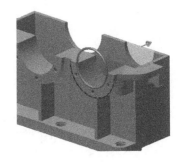

图 1-2-43

Step22 创建圆角。

单击"圆角"按钮，对各部位进行倒圆角，图 1-2-44 所示的倒角半径选择 8mm，图 1-2-45 所示的倒角半径选择 4mm，图 1-2-46 所示的倒角半径选择 3mm。

图 1-2-44

图 1-2-45

图 1-2-46

Step23 创建油槽。

创建草图 11。单击"创建二维草图"按钮，选择箱体上表面，绘制如图 1-2-47 所示图形，同理绘制另一端。

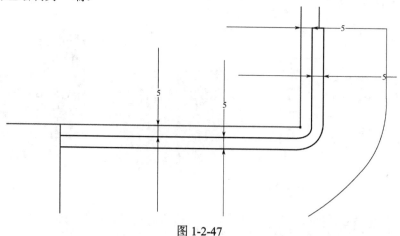

图 1-2-47

创建油槽。单击"拉伸"按钮，"截面轮廓"选择草图 11，特征关系选择"求差"，拉伸距离取 3mm，如图 1-2-48 所示，单击"确定"按钮，完成油槽的创建。

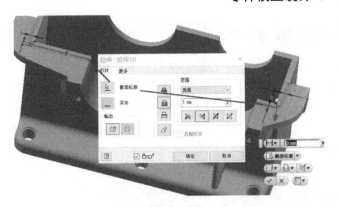

图 1-2-48

创建连接孔。

创建连接孔。单击"孔"按钮 ，在弹出"孔"对话框中，"放置"方式选择"线性"，"参考 1""参考 2"分别输入距离 30mm、20mm，孔深取 25mm，孔径取 13mm，如图 1-2-49 所示，单击"确定"按钮，完成孔的创建。

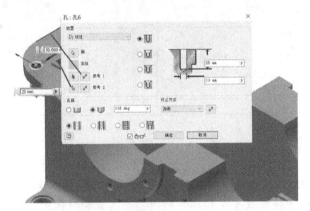

图 1-2-49

阵列连接孔。单击"矩形阵列"按钮 ，在弹出的"矩形阵列"对话框中，选择内壁两边分别作为阵列方向 1 和方向 2，阵列间距分别为 368mm 和 128mm，阵列数量均取 2，如图 1-2-50 所示，单击"确定"按钮，完成孔的阵列。

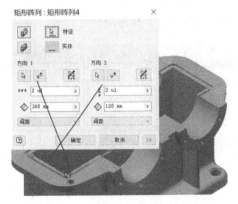

图 1-2-50

Step25 利用镜像命令，创建对称结构。

创建工作平面5。将箱体对称中心面创建为工作平面5。

创建镜像特征。单击"阵列"组中"镜像"按钮 ，在弹出的"镜像"对话框中，选择"镜像实体"，"特征"选择所有需要镜像的实体，"镜像平面"选择工作平面5，如图1-2-51所示，单击"确定"按钮，完成特征镜像。至此，完成减速器箱体模型的设计，如图1-2-52所示。

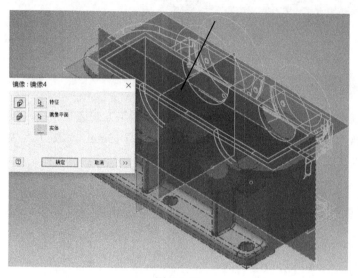

图 1-2-51   图 1-2-52

特别提示

"镜像"用于创建所选特征或实体的面对称的结构模型。"镜像"的几何图元包括实体特征、定位特征、曲面特征或整个实体，同时整个实体的镜像允许镜像该实体所包括的复杂特征，如"抽壳"以及后面要介绍的"扫掠"特征。

"镜像""矩形阵列""环形阵列"都是用来"复制"特征的。在"Step18"中"筋板"特征采用的是"矩形阵列"工具，是否可以使用"镜像"工具呢？请你试试。

Step26 单击"保存"。输入文件名：减速器箱体。

知识链接

知识点 1 抽壳

访问功能区：单击"三维模型"选项卡→"修改"面板→"抽壳" 。

"抽壳"选项卡说明见表1-2-1。

表 1-2-1 "抽壳"选项卡

对话框	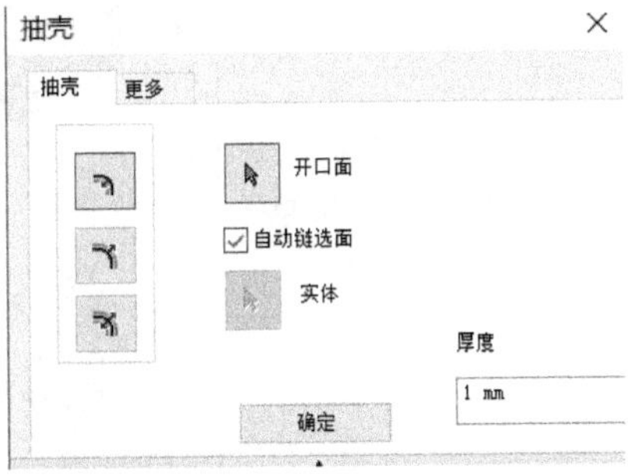		
方向	向内 	向零件内部偏移壳壁。原始零件的外壁成为抽壳的外壁	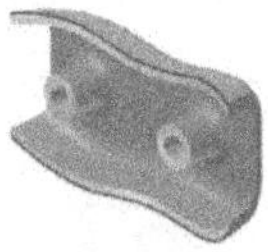
	向外	向零件外部偏移壳壁。原始零件的外壁成为抽壳的内壁	
	双向	向零件内部和外部以相同距离偏移壳壁。零件的厚度将增加至抽壳厚度的一倍	
开口面	选择要开口的零件面，保留剩余的面作为壳壁 单击零件以将其激活，然后选择要去除的面。要取消选定某个面，可按住【Ctrl】键并选择该面 选定面被去除。厚度应用到其余的面以创建壳壁。如果没有选择要去除的零件面，则抽壳空腔会完全封闭在零件内		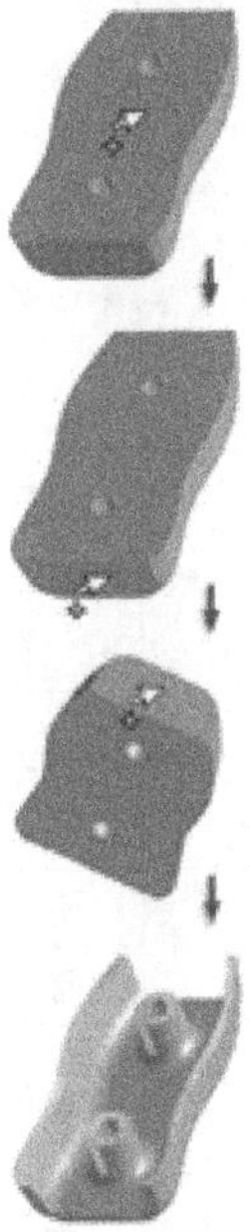

续表

自动链选面	启用或禁用自动选择多个相切连续面。默认设置为"开"。清除该复选框可允许选择单个相切面	
实体	在多实体零件文件中选择参与实体。如果该零件只包含一个实体,则该选项不可用	
厚度	指定要均匀应用到壳壁的厚度。未选中进行删除的零件曲面将成为壳壁。若要使用参数表中的厚度值,请亮显框中的值,然后单击鼠标右键,以剪切、复制、粘贴或删除该值	

知识点 2 分割

访问功能区:单击"三维模型"选项卡→"修改"组→"分割" 。
"分割"选项卡说明见表 1-2-2。

表 1-2-2 "分割"选项卡

对话框		
方式	分割面	选择要分割为两半的一个或多个面
	修剪实体	选择要分割的零件或实体,并丢弃一侧
	分割实体	选择用来将实体分割成两部分的工作平面或分模线
选择	分割工具	选择工作平面、曲面或草图,以将面或实体分割成两部分
	面	"面分割"方法处于激活状态时,选择要分割的面
	实体	"修剪实体"或"分割实体"方法处于激活状态时,选择要修剪或分割的实体
面	全部	选择所有面进行分割。单击"确定"
	选择	选择面进行分割。单击"面",选择要分割的面,然后单击"确定"

知识点 **3** 拔模斜度

访问功能区：单击"三维模型"选项卡→"修改"组→"拔模" 🗋 。

"拔模斜度"选项卡说明见表 1-2-3。

表 1-2-3 "拔模斜度"选项卡

对话框			
拔模 类型	固定边	创建有关每个平面中一个或多个相切的连续固定边的拔模。结果是创建更多的面	注：按【Ctrl】键并在所选面的边或所选边的旁边单击，可将其从选择集中删除
	固定平面	指定一个平整面或工作平面并确定抽芯方向。拔模方向垂直于所选面或平面 创建固定平面的拔模。零件平面或工作平面可确定对哪些面进行拔模。根据固定平面的位置，拔模可以添加和去除材料	
	分模线	创建有关二维或三维草图的拔模。模型将在分模线上方和下方进行拔模	
选择		拔模方向：指示从零件拔出模具的方向。当在图形窗口中移动光标时，会显示一个垂直于亮显面或沿亮显边的矢量。当矢量显示时，单击平面、工作平面、边或轴，以进行选择	
		固定平面：指定从中拔模所选面的平整面或工作平面，并设定与平面垂直的拔模方向。若要反转抽芯方向，请单击"反向"。分别选择各条边，以分别设置每条边的拔模斜度	
	反向	反转抽芯方向箭头	
	分模线	选择二维或三维草图以用作分模线	
	面	给拔模操作指定面或边。当光标在面上移动时，将有一个符号表示拔模的固定边以及将如何应用拔模。单击顶边将其固定，然后使用锥角移动底边。单击底边将其固定，然后使用锥角移动顶边。再次单击以选择所选面的一条边	
自动链 选面	包含与拔模选择集中的选定面相切的面		
自动过渡	适用于以圆角或其他特征过渡到相邻面的面。若要保留过渡的几何图元，请启用"自动过渡"		
方向	单向	在单个方向上添加拔模。适用于固定边拔模和固定平面拔模类型	
	对称	在平面或分模线上方和下方添加拔模。使用相同的角度值。适用于固定平面拔模和分模线拔模类型	
	不对称	在平面或分模线上方和下方添加拔模。对上方和下方拔模使用不同的角度值。适用于固定平面拔模和分模线拔模类型	

根据所给的零件尺寸（见图1-2-53），进行模型设计。

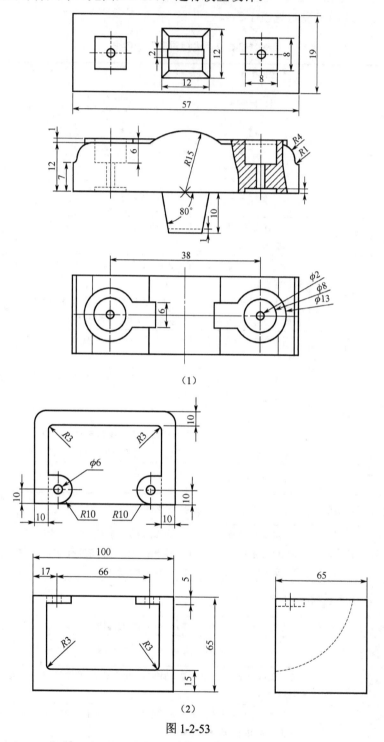

图 1-2-53

任务 1.3　茶杯模型设计

任务描述

茶杯（见图 1-3-1）是盛茶水的用具，属于旋转体，外形结构简单，在杯口处加工有螺纹，杯身处凸起"福"字和花纹图案。通过茶杯模型设计，达到以下目标：

1．能熟练使用旋转、圆角、扫掠、凸雕等命令。

2．熟练运用螺旋扫掠工具，创建螺纹并掌握螺纹起始端过渡处理的方法。

3．能熟练掌握三维草图的创建方法，并能精确输入点的坐标。

4．能熟练对模型对象进行初步渲染设计。

5．进一步掌握模型设计技巧。

图 1-3-1　茶杯

任务分析

茶杯由杯身、杯口螺纹、杯身"福"字和花纹图案组成。模型设计可以先采用旋转工具创建杯身，然后采用凸雕工具创建杯身花纹图案，其次采用螺纹扫掠和三维螺旋线的方法创建杯口螺纹，最后采用凸雕工具创建"福"字。图 1-3-2 所示为茶杯模型设计流程。

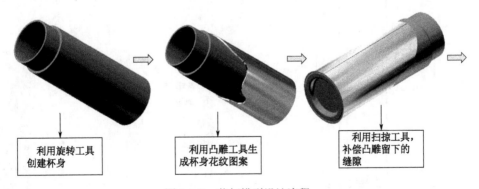

图 1-3-2　茶杯模型设计流程

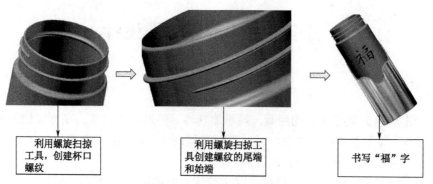

图 1-3-2　茶杯模型设计流程（续）

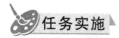任务实施

Step1 新建文件。

单击 □ ▾，在弹出对话框中选择 Standard.ipt ⬜ ，单击"创建"按钮。

Step2 创建杯身实体。

创建草图 1。单击"创建二维草图"按钮 📝 ，选择 *XY* 平面，绘制如图 1-3-3 所示的图形，单击"完成草图"按钮 ✓ ，退出草图。

创建杯身。单击"旋转"按钮 🍵 ，在弹出的对话框中系统自动默认选择（若需手动选择旋转轴可以选择中心线或左侧模型树（模型特征浏览器）中的 *Z* 轴，"截面轮廓"选择草图 1），旋转范围选择全部，如图 1-3-4 所示，单击"确定"按钮，完成杯身实体的创建。

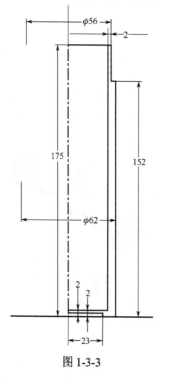

图 1-3-3

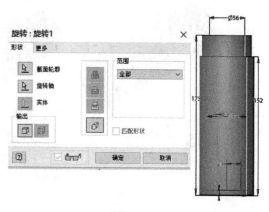

图 1-3-4

✎ **小技巧**：

将鼠标移至左侧模型树中单击草图，取消"可见性"前面的钩，隐藏草图（目的是便于下面的草图绘制）如图 1-3-5 所示。

📋 **特别提示** ••••

"旋转"工具和"拉伸"工具都是属于草图特征建模工具，且可认为"拉伸"是"旋转"一个特例（当旋转半径为无穷大时），因此，这两个工具的对话框也是非常相似。你看出来了吗？

同"拉伸"一样，"旋转"工具的"截面轮廓"可以是开放的（创建曲面），也可以是封闭的（创建实体），但不能是交叉的。

具体创建方法，参见本节"知识链接"中的"知识点 1"。

Step3 创建杯身花纹图案。

创建草图 2。单击"创建二维草图"按钮 ，选择 XY 平面，绘制如图 1-3-6 所示图形，单击"完成草图"按钮 ✔，退出草图。

图 1-3-5

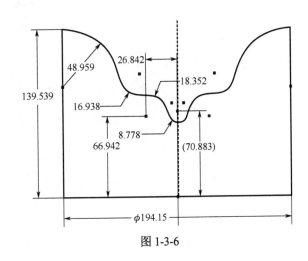

图 1-3-6

✍ **注意**：

杯身图案是通过平面草图缠绕到杯身上获得的，因此，杯身图案的展开图应与草图位置一致。

✎ **小技巧**：

利用草图医生检查草图是否封闭。单击鼠标右键，在弹出菜单中选择"草图医生"（见图 1-3-7），查看草图有没有缺口以及约束情况（见图 1-3-8）。

创建杯身花纹图案。在功能区"三维造型"选项卡的"创建"组中，单击"凸雕"按钮 ，"截面轮廓"选择草图 2，勾选"折叠到面"，并选择杯身外圆柱面，输入深度 1mm，其余选择如图 1-3-9 所示，单击"确定"按钮，完成杯身花纹图案的创建。

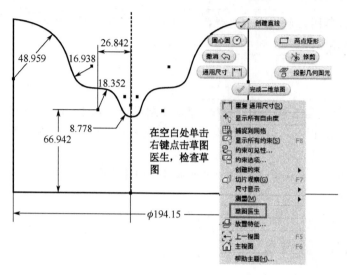

图 1-3-7

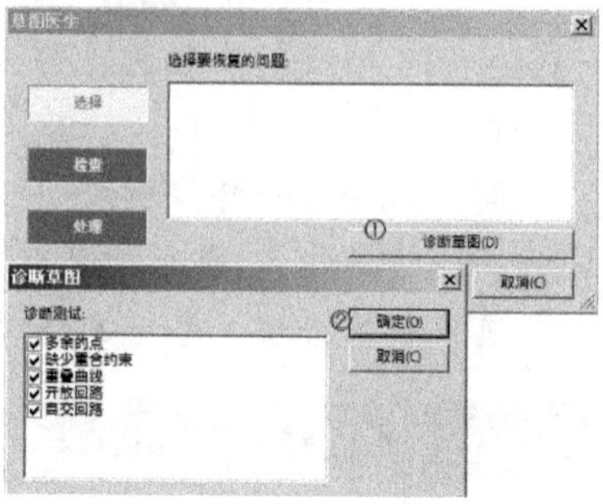

图 1-3-8

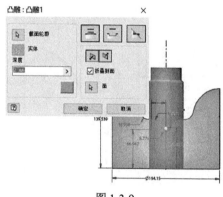

图 1-3-9

📋 **特别提示** ● ● ● ● ●

　　凸雕工具主要应用于零件面上的截面轮廓（草图几何图元或草图文本）来升高（凸雕）或凹进（凹雕）设计。具体创建方法，见本节"知识链接"中的"知识点 2"。

　　在浏览器窗口中，选择"凸雕"，右击，选择"特性"，如图 1-3-10 所示，弹出"特征特性"对话框，"特征外观"选择铬-黑色抛光，如图 1-3-11所示，单击"确定"按钮，完成杯身花纹图案外观颜色的创建。

图 1-3-10

图 1-3-11

📋 **特别提示** ● ● ● ● ●

① 为了区分不同零件，改变其表面特性是常用手段。

② 给零件表面添加"特征特性"，Step13开始介绍的"渲染"，以及"视图"选项卡中"外观"等工具均可以提高零部件表现艺术效果。请你在实践中尝试使用，比较各种效果。

Step4 补齐凸雕留下的缝隙。

创建截面轮廓草图 4。单击"创建二维草图"按钮 📝，选择凸雕留下的缝隙侧面作为绘图平面，系统自动投影平面（不需要另外绘制），单击"完成草图"按钮 ✅，退出草图（见图 1-3-12）。

创建扫掠路径草图 5。单击"创建二维草图"按钮 📝，选择茶杯底面，作为绘图平面，保留缺口处投影几何图元，删除多余的几何图元，单击"完成草图"按钮 ✅，退出草图（见图 1-3-13）。

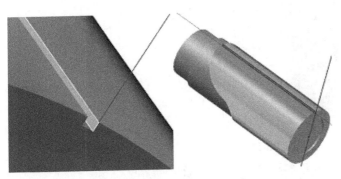

图 1-3-12

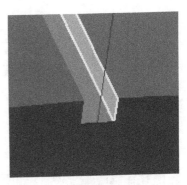

图 1-3-13

单击"扫掠"按钮 🔄，弹出对话框，"截面轮廓""路径"分别选择草图 4、草图 5，其他选项如图 1-3-14 所示，单击"确定"按钮，成功补齐凸雕留下的缝隙。在左侧模型树上单击草图，取消"可见性"前面的钩，隐藏草图。

📋 **特别提示** ● ● ● ● ●

"扫掠"特征或实体是通过沿路径移动或扫掠一个或多个草图截面轮廓而创建的。用户使用的多个截面轮廓必须在同一草图中。扫掠路径可以是开放的，也可以是封闭的，但是必须穿透截面轮廓平面。扫掠类型包括"路径""路径和引导线""路径和引导曲面"三种。

最常用的"路径"类型，从某种意义上可以认为是"拉伸"和"旋转"两个特征工具的复合。你能体会到吗？

具体创建方法，参见本节"知识链接"中的"知识点 3"。

Step5 创建茶杯过滤网环形止口。

创建草图 6。单击"创建二维草图"按钮 📝，选择 XY 平面，绘制如图 1-3-15 所示图形，单击"完成草图"按钮 ✅，退出草图。

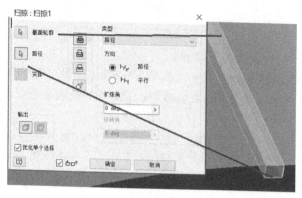

图 1-3-14

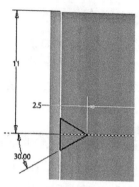

图 1-3-15

创建环形止口。单击"旋转"按钮 🥟，"截面轮廓"选择三角形截面草图 6，"旋转轴"选择左侧模型树中的原始坐标系 Y 轴，"范围"选择全部，"特征关系"选择添加（求并），如图 1-3-16 所示，单击"确定"按钮，完成茶杯过滤网环形止口的创建。

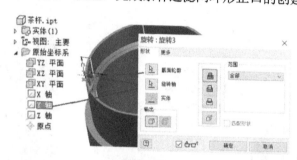

图 1-3-16

Step6 倒圆角。

单击"圆角"按钮 🥟，在弹出的"圆角"对话框中，选择"等半径"，半径输入 2mm，如图 1-3-17 所示，分别选择止口和台阶的轮廓边线，单击"确定"按钮，完成圆角操作。

用同样的方法选择杯口轮廓线、过滤网止口顶线、凸雕曲线和底面轮廓线进行"圆角"，圆角半径取 1mm。如图 1-3-18 所示。

图 1-3-17

图 1-3-18

Step7 创建杯口螺纹。

创建杯口螺纹截面草图 7。单击"创建二维草图"按钮 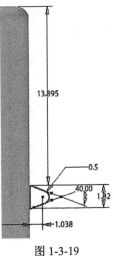，选择 *XY* 平面，绘制如图 1-3-19 所示图形，单击"完成草图"按钮 ✔，退出草图。

创建杯口螺纹。单击"三维模型"选项卡"创建"组中的"螺旋扫掠"按钮 🌀，在弹出的"螺旋扫掠"对话框中，选择"螺旋形状"选项卡，"截面轮廓"选择三角形草图 7，"旋转轴"选择 *Y* 轴，转动方向选择"右旋"，"特征关系"选择添加（求并）；在"螺纹规格"选项卡中，"类型"选择"螺距和转数"，输入螺距 6mm，转数 1.5 转，锥度为 0；在"螺旋端部"选项卡中，螺纹端点起始位置设置为"自然"，如图 1-3-20 所示，单击"确定"按钮，完成杯口螺纹的创建（见图 1-3-21）。

图 1-3-19

📋 **特别提示** • • • •

螺旋扫掠工具主要创建基于螺旋的特征或实体，如螺旋弹簧和柱面上的螺纹等，具体创建方法，见本节"知识链接"中的"知识点 4"。

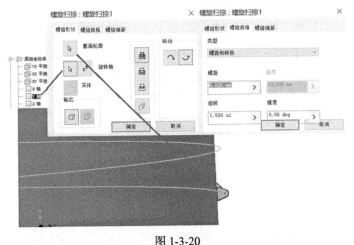

图 1-3-20

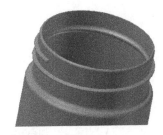

图 1-3-21

Step8 创建杯口螺纹的始端。

创建三维草图 1。单击"创建三维草图"按钮 ✏️，进入三维草图绘图环境，如图 1-3-22 所示。

单击"螺旋曲线"按钮 🌀，在"螺旋形状"选项卡中，输入螺距 6，转数 1.6，选择"右旋"螺旋方向，在"螺旋端点"选项卡中，"起始位置"选择自然（见图 1-3-23）。

此时屏幕左下角状态栏提示要选择螺旋轴的起点，单击"绘制"菜单，在弹出的下拉菜单中选择精确输入，输入坐标 X: 0 Y: 159.168 Z: 0 （说明：螺旋曲线将会通过该点，且在与螺旋轴垂直的平面内开始生成）按【Enter】键确认，屏幕左下角状态栏提示要选择螺旋轴的终点，输入坐标 X: [0]　　Y: [90]　　Z: [0]，按【Enter】键确认，屏幕左下角状态栏提示要选择螺旋起点，在图中单击三角形截面底边的中点（见图 1-3-24），完成螺旋曲线创建，单击"完成草图"按钮，退出草图。然后将螺旋曲线设为构造线，如图 1-3-24 所示。

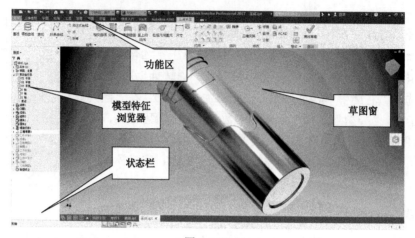

图 1-3-22

图 1-3-23

螺旋起点

图 1-3-24

注意：

螺旋轴就是螺旋线起点坐标与终点坐标的连线。

创建草图 8。单击"创建二维草图"按钮，单击螺纹端面，如图 1-3-24 所示，单击"完成草图"按钮，退出草图。

创建工作平面 1。单击"平面"下的小黑三角形，在弹出的下拉菜单中，单击"三点"按钮，三点分别选择圆弧的圆心、三角形底边中点以及螺旋曲线的端点（见图 1-3-25）。

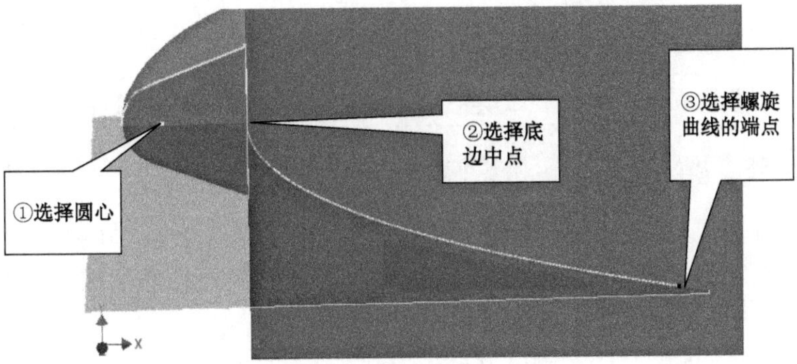

图 1-3-25

创建草图 9。单击“创建二维草图”按钮，选择刚刚创建的工作平面 1，单击“三点圆弧”，选取图 1-3-25 中所示的圆心点和螺旋曲线端点，输入尺寸 24，按【Enter】键确认，如图 1-3-26 所示。

创建杯口螺纹始端。单击“扫掠”按钮，在弹出的“扫掠”对话框中，“截面轮廓”选择草图 8，“路径”选择草图 9，如图 1-3-27 所示，单击“确定”按钮，完成螺纹始端的创建。效果如图 1-3-28 所示。

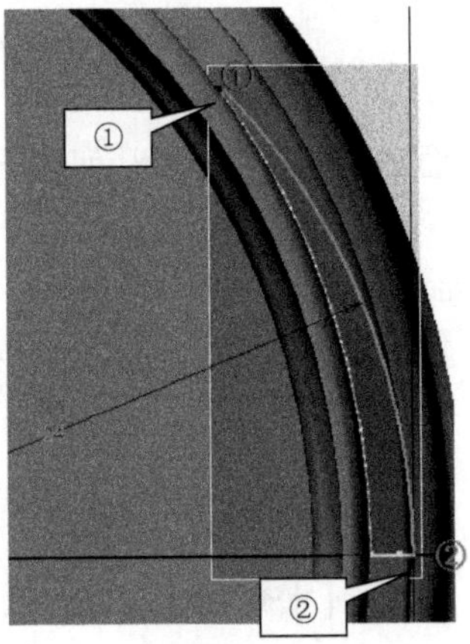

图 1-3-26

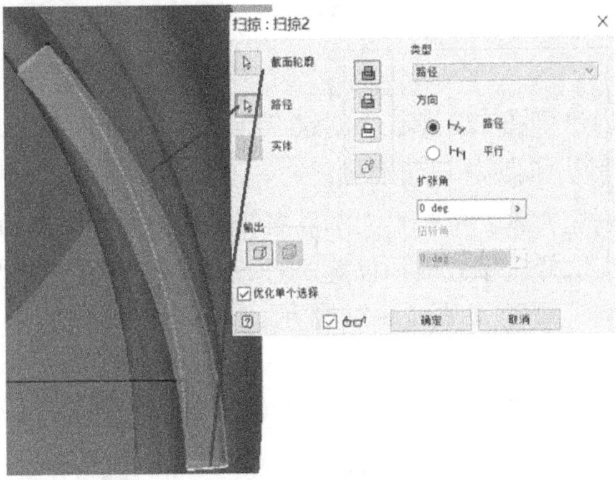

图 1-3-27

Step9 创建杯口螺纹的尾端。

杯口螺纹的尾端的创建方法同始端的创建，过程从略。创建后效果如图 1-3-29 所示。

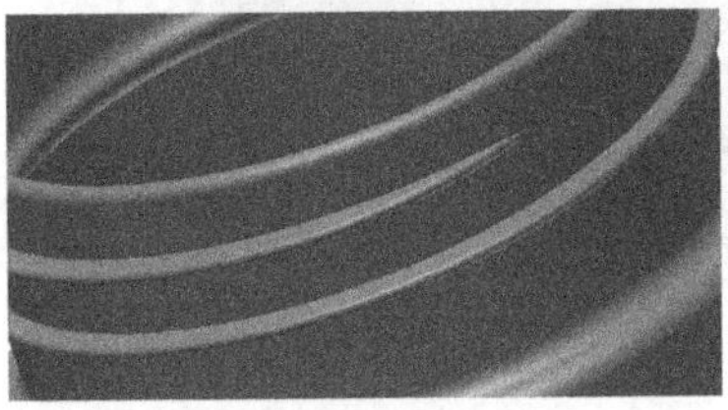

图 1-3-28

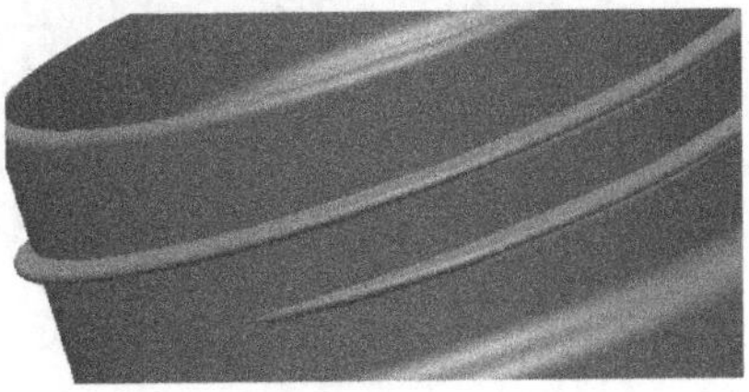

图 1-3-29

特别提示 • • • • •

杯口螺纹若直接采用"螺纹"工具，是否也能实现这样的效果呢？请你试试。

Step10 创建"福"字。

创建工作平面3。单击"定位"组中"平面"下的小黑三角形，在弹出的下拉菜单中，单击"与曲面相切且平行于平面"按钮，依次选择 *XY* 平面和圆柱表面，如图 1-3-30 所示。

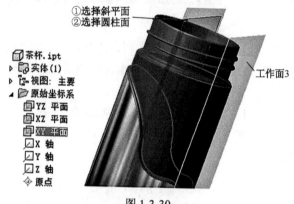

图 1-3-30

创建草图 12。单击"创建二维草图"按钮，选择工作平面 3，单击"投影几何图元"按钮，投影杯口轮廓线。

创建文本。单击"文本"右侧的小三角形，选择"文本几何图元"，在弹出的对话框中，选择汉字方向和位置，对齐方式选择居中对齐，字体选华文楷体，大小 22mm，输入汉字"福"，如图 1-3-31 所示。

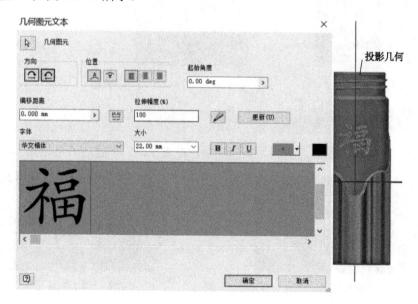

图 1-3-31

单击"凸雕"按钮 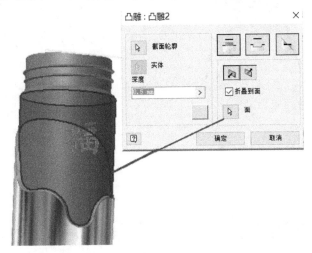，输入深度 0.5mm，截面轮廓选择"福"字文本，勾选"折叠到面"，并选择圆柱面，如图 1-3-32 所示，单击"确定"按钮，完成"福"字的书写。

图 1-3-32

右击模型树上的"凸雕"命令，在弹出的快捷菜单中选择"特征特性"，如图 1-3-33 所示，选择材料铜-抛光，效果如图 1-3-34 所示，单击"确定"按钮。

图 1-3-33

图 1-3-34

Step11 单击"保存"，输入文件名：茶杯。

Step12 渲染准备。

清除茶杯模型的外观。在功能区上，单击"工具"选项卡→"清除" ，弹出对话框，选择茶杯外壁花纹图案，如图 1-3-35 所示，单击"确定"按钮。

在功能区上，单击"工具"选项卡→"材料" ，如图 1-3-36 所示。

图 1-3-35

图 1-3-36

Step13 创建茶杯模型材料。

在弹出的材料对话框中选择"不锈钢，奥氏体"，右击"指定给当前选择"，如图 1-3-37 所示，关闭对话框。

图 1-3-37

Step14 激活 Studio。

在功能区上，单击"环境"选项卡→"开始"组→"Inventor Studio" ，如图 1-3-38 所示。

图 1-3-38

此时"渲染"选项卡处于激活状态，并且 Studio 命令可用，如图 1-3-39 所示。

图 1-3-39

Step15 设置光源样式。

所谓光源样式，其实就是确定采用何种灯光进行照射，以及照射的角度和光的强弱。

单击"光源样式"按钮 ，弹出对话框（见图 1-3-40），单击新建光源 ，在图形窗口拖动光源（见图 1-3-41）到合适的位置，单击"确定"按钮（见图 1-3-42），在"光源样式"对话框中，选择"聚光灯"，单击"目标"按钮，再选择"福"字（目的是将光照点放在"福"字附近），如图 1-3-43 所示。

图 1-3-40

图 1-3-41

图 1-3-42

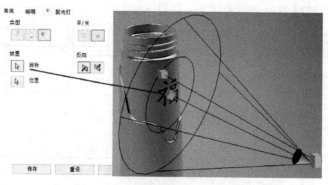

图 1-3-43

在"照明"选项卡中，选择照明强度 80，如图 1-3-44 所示。在"聚光灯"选项卡中，设置位置坐标为（120，250，-250），其他设置如图 1-3-45 所示，单击"保存"退出。

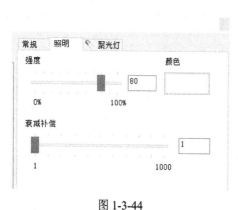

图 1-3-44

图 1-3-45

✏️ **小技巧：**

单击光源（灯），弹出三维坐标系（当鼠标靠近坐标系时，会出现"绕轴旋转""沿轴线移动""空间移动"等方式），然后移动调整光源照射的距离和角度。

Step16 设置照相机。

单击"照相机"按钮 📷，弹出对话框，单击"目标"按钮，选择茶杯；再单击"位置"按钮，调整照相机的位置，输入数值缩放 45（照相机所照的面积的大小比例）如图 1-3-46 所示，单击"保存"退出。

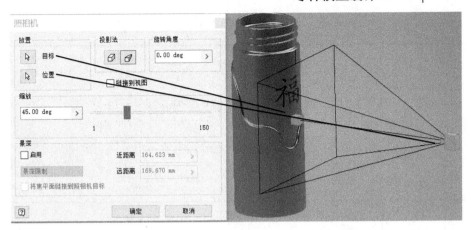

图 1-3-46

Step17　渲染图像。

单击"渲染图像"按钮 ，在弹出的对话框中选择输出图像尺寸 800×600，渲染类型为"着色"，如图 1-3-47 所示。单击"渲染"按钮，进行渲染，结果如图 1-3-48 所示。

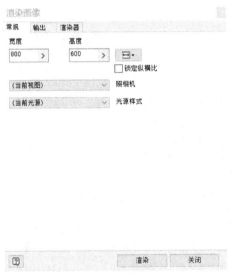

图 1-3-47

图 1-3-48

Step18　单击保存。

知识链接

知识点　1　旋转工具

访问功能区：单击"模型"选项卡→"创建"组→"旋转" 。旋转工具选项说明见表 1-3-1。

表 1-3-1　旋转工具选项

对话框		旋转：旋转3 形状　更多 截面轮廓 旋转轴 实体 输出 范围 全部 匹配形状 确定　取消
形状	截面轮廓	单个截面轮廓　自动选择一个截面轮廓
		多个截面轮廓　从同一个草图平面中选择多个截面轮廓。所选截面轮廓将亮显
		嵌套的截面轮廓　选择多个嵌套的截面轮廓。旋转一个内部回路的结果与旋转一个外部回路的结果相反。例如，旋转同心圆将形成一个中空的圆环
	旋转轴	选择旋转轴。轴可以是工作轴、构造线或普通的直线
	实体	在多实体零件中选择参与实体
输出	实体	从开放或封闭的截面轮廓创建实体特征。开放的截面轮廓不适用于基础特征或基本要素
	曲面	从开放或封闭截面轮廓创建曲面特征。可以作为构造曲面以终止其他特征，或者作为分割工具创建分割零件。在部件环境中不可用
特征关系	求并	将旋转特征产生的体积添加到另一个特征或实体。在部件环境中不可用
	求差	将旋转特征产生的体积从另一个特征或实体中删除
	求交	根据旋转特征与另一个特征或实体的公共体积创建特征。未包含在公共体积内的材料被删除
	新建实体	创建一个新实体。每个实体均为与其他实体分离的独立的特征集合。实体可以与其他实体共享特征
终止方式	角度	使截面轮廓旋转指定的角度。方向箭头可以指定旋转方向 注：下拉列表中可用的选项取决于文件中可用的几何图元
	角度-角度	接受两个不同的角度值以沿两个方向旋转截面轮廓，即一个正向，一个负向。可单击"不对称"进行激活并输入第二个角度位移值。方向箭头可以反转两个角度位移，以使正向角度变成负向角度，负向角度变成正向角度
	完全	将截面轮廓旋转360°
	到	可以在所选面或平面上，或者在终止平面的延伸面上终止旋转特征。对于部件旋转特征，可以选择其他零部件上的面和平面。选择的面或平面必须与正在创建的部件旋转位于相同的部件级别

续表

终止方式	介于两面 之间	选择界定旋转终止范围的起始和终止面或平面。对于部件旋转特征，可以选择其他零部件上的面和平面。选择的面或平面必须与正在创建的部件旋转位于相同的部件级别
	到表面 或平面	选择下一个可能的面或平面，以此终止指定方向上的旋转。可以拖动截面轮廓使其反向旋转到草图平面的另一侧 提示："到表面或平面"对基础特征或部件旋转不可用 对于"到表面或平面"，请单击用于终止特征创建的实体

知识点 2 凸雕工具

通过将截面轮廓以指定的深度和方向相对于模型面升高或凹进来可创建凸雕特征。凸雕区域可以提供用于贴图或着色的面，凹雕区域可以为部件中的其他零部件提供焊缝。

访问功能区：单击"三维模型"选项卡→"创建"组→"凸雕" ✎。凸雕工具选项说明见表 1-3-2。

表 1-3-2　凸雕工具选项

对话框		
截面 轮廓	使用"文本"命令创建文本	注：若要更容易地进行选择，请关闭自动投影选项。在"应用程序选项"对话框的"草图"选项卡上，清除"在创建曲线过程中自动投影边"和"新建草图时自动参考边"上的复选标记
	使用"草图"命令创建形状	
类型	• "从面凸雕"将升高截面轮廓区域 • "从面凹雕"将凹进截面轮廓区域 • "从平面凸雕/凹雕"将从草图平面向两个方向或一个方向拉伸，向模型中添加或从中去除材料。如果向两个方向拉伸，则会根据相对于零件的截面轮廓位置删除或添加材料	
深度	对于"从面凸雕"和"从面凹雕"类型，指定凸雕或凹雕截面轮廓的偏移深度	
锥度	对于"从平面凸雕/凹雕"类型，指定扫掠斜角的角度。指向模型面的角度为正时，允许从模型中去除一部分材料	
顶面 外观	为凸雕区域的面（而非其侧面）指定外观。在"外观"对话框中，单击向下箭头以显示列表。在列表中滚动或键入第一个字母以查找所需的外观，单击"确定"	
方向	指定特征的方向，当截面轮廓位于从模型面偏移的工作平面上时尤其有用	
折叠 到面	对于"从面凸雕"和"从面凹雕"类型，指定截面轮廓是否缠绕在曲面上。"折叠到面"仅限于单个面，不能是接缝面。面只能是平面或圆锥形面，而不能是样条曲线	

知识点 **3** 扫掠

扫掠特征或实体是通过沿路径移动或扫掠一个或多个草图截面轮廓而创建的。使用的多个截面轮廓必须存在于同一草图中。路径可以是开放回路，也可以是封闭回路，但是必须穿透截面轮廓平面。

访问功能区：单击"三维模型"选项卡→"创建"组→"扫掠" 🍥。扫掠工具选项说明见表1-3-3。

表1-3-3　扫掠工具选项

对话框		
截面轮廓	指定草图的一个或多个截面轮廓以沿选定的路径进行扫掠。使用封闭的截面轮廓创建实体或曲面扫掠特征。使用开放的截面轮廓仅创建曲面扫掠特征。按住【Ctrl】键可以取消选择截面轮廓	
路径	为截面轮廓扫掠指定轨迹或路径。路径可以是开放回路，也可以是封闭回路，但是必须穿透截面轮廓平面	
实体	在多实体零件文件中，指定参与实体。在仅有一个实体的零件文件中，此选项不可用	
类型	路径	⊢↗ 路径	保持扫掠截面轮廓相对于扫掠路径不变。所有扫掠截面都维持与该路径相关的原始截面轮廓
		⊢↾ 平行	保持扫掠截面轮廓平行于原始截面轮廓
	扫掠斜角	正角度	扫掠斜角使扫掠特征沿离开起点方向的截面面积增大
		负角度	扫掠斜角使扫掠特征沿离开起点方向的截面面积减小
		嵌套的截面轮廓	扫掠斜角的符号（正或负）应用到嵌套截面轮廓的外回路；内回路与扫掠斜角的符号相反
	路径和引导轨道	引导轨道	选择可以控制扫掠截面轮廓的比例和扭曲的引导曲线或轨道。引导轨道必须穿透截面轮廓平面
		截面轮廓缩放	指定如何缩放扫掠截面以符合引导轨道
		X和Y	扫掠进行过程中，同时在X和Y方向上缩放截面轮廓
		X	扫掠进行过程中，在X方向上缩放截面轮廓
		无	扫掠进行过程中，使截面轮廓保持固定的形状和大小。使用此选项，轨道仅控制截面轮廓扭曲
	路径和引导曲面	引导曲面	指定一个曲面，该曲面的法向可控制绕路径扫掠截面轮廓的扭曲。要获得最佳结果，路径应该位于引导曲面上或附近
输出	▢ 实体	从开放或封闭截面轮廓创建实体特征。开放的截面轮廓对基础特征不可用	
	▱ 曲面	从开放或封闭截面轮廓创建曲面特征。可以用作构造曲面以终止其他特征，或者用作分割工具以创建分割零件。在部件环境中不可用	

续表

特征关系	求并	将扫掠特征产生的体积添加到另一个特征或实体。在部件环境中不可用
	求差	将扫掠特征产生的体积从另一个特征或实体中删除
	求交	根据扫掠特征和另一特征或实体的公共体积创建新特征。未包含在公共体积内的材料被删除
	新建实体	如果扫掠是零件文件中的第一个实体特征，则此选项是默认选项。选择该选项可在包含实体的零件文件中创建新实体。每个实体均为与其他实体分离的独立的特征集合。实体可以与其他实体共享特征

知识点 4 螺旋扫掠工具

螺旋扫掠工具用于创建基于螺旋的特征或实体，如螺旋弹簧和柱面上的螺纹。

访问功能区：单击"三维模型"选项卡→"创建"组→"螺旋" ≣。螺旋扫掠工具选项说明见表1-3-4。

表1-3-4 螺旋扫掠工具选项

对话框			
螺旋形状	形状	截面轮廓	自动选择单个截面轮廓。如果有多个截面轮廓，请指定一个
		轴	定义旋转轴的直线或工作轴。它不能与截面轮廓相交。若要反转螺旋扫掠的方向，请单击方向
		实体	如果有一个以上的实体，请选择要进行操作的实体
	转动		指定螺旋扫掠按顺时针方向还是逆时针方向旋转
	输出	实体	从封闭截面轮廓创建实体特征
		曲面	从开放或封闭截面轮廓创建曲面特征。可以是其他特征的终止构造曲面
	特征关系	求并	将螺旋扫掠特征产生的体积添加到另一个特征或实体
		求差	将螺旋扫掠特征产生的体积从另一个特征或实体去除
		求交	根据螺旋扫掠特征与另一个特征或实体的公共体积创建特征。删除未包含在公共体积中的材料
		新建实体	如果螺旋扫掠是零件文件中的第一个实体特征，则该选择就是默认设置。选择该选项可在当前含有实体的零件文件中创建新实体。每个实体均为与其他实体分离的独立的特征集合
螺旋规格	类型		指定一对参数："螺距和转数""转数和高度""螺距和高度"或"平面螺旋"
	螺距		指定螺旋线绕轴旋转一周的高度增量
	高度		指定螺旋扫掠从开始轮廓中心到终止轮廓中心的高度

续表

螺旋规格	铰链（旋转）运动	指定螺旋扫掠的转数。该值必须大于零，但是可以包含小数（如 1.5）。转数包括指定的任何终止条件
	扫掠斜角	根据需要，为除"平面螺旋"之外的所有螺旋扫掠类型指定锥角
螺旋端部	过渡段包角	螺旋扫掠获得过渡的距离（单位为度数，一般少于一圈）。示例中显示了顶部是自然结束，底部是四分之一圈（90°）过渡并且未使用平底段包角的螺旋扫掠
	平底段包角	螺旋扫掠过渡后不带螺距（平底）的延伸距离（单位为度数）。平底段包角使从螺旋扫掠的正常旋转的末端过渡到平底端的末尾。左图示例显示了与以前显示的过渡段包角相同，但指定了一半转向（180°）的平底段包角的螺旋扫掠

课后练习

根据所给的零件尺寸（见图 1-3-49），进行模型设计。

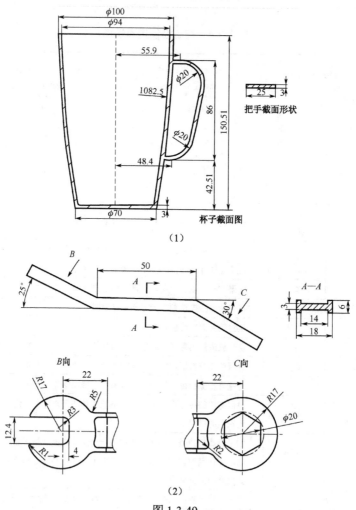

（1）

（2）

图 1-3-49

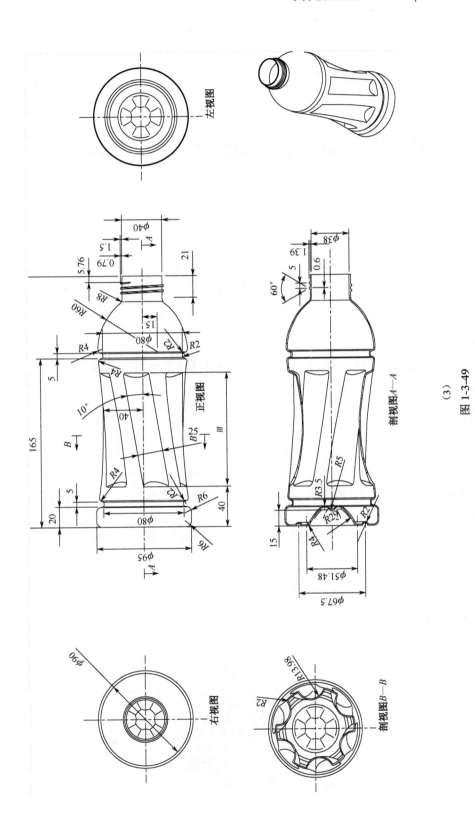

（3）

图 1-3-49

零件模型设计（二）

 项目描述

Autodesk Inventor 2017 除了提供完成一般零件三维造型工具外，还包括曲面造型和塑料件造型等工具，以完成相对复杂零件的模型设计。本项目是在项目一的基础上选择 3 个典型零件，在学习新的造型工具基础上，综合运用各种造型工具，快速完成相关模型设计。

任务 2.1　仿古铜质酒壶模型设计

任务描述

酒壶（见图 2-1-1），除了用作装酒的容器，还因其具有个性化外形，也常作为艺术品被人们收藏。不同的酒壶，其外形差异也很大，有柱形、方形、多边形、凹形、凸形等，但一般都由壶把、壶身、壶嘴等部分组成。本次任务是通过仿古铜质酒壶模型设计达到以下目标：

1．进一步熟练使用抽壳、合并、扫掠、分割、阵列等工具。
2．掌握放样创建复杂曲面特征。
3．掌握变半径倒圆等工具创建复杂曲面特征。
4．正确使用模型外观特征。
5．进一步掌握模型设计技巧。

壶口

壶把

壶颈

壶身

壶嘴

壶座

图 2-1-1　酒壶

任务分析

仿古铜质酒壶由壶身、壶把、壶口、壶颈和壶嘴等组成，壶身为凸圆六面体，可以采用放样与旋转阵列工具造型，壶嘴和壶把为变截面体，可以采用扫掠工具造型，等等。如图 2-1-2 所示为仿古铜质酒壶模型设计流程。

利用放样、阵列工具，创建基本壶体

利用旋转工具，创建壶口、壶颈

利用旋转或拉伸工具，创建壶底座

利用放样工具，创建壶嘴

利用抽壳工具，创建壶内腔

利用放样工具，创建壶把

图 2-1-2　仿古铜质酒壶模型设计流程

任务实施

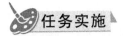 新建文件。

单击 🗋 ▼，在弹出对话框中选择"Standard.ipt" 📦，单击创建按钮。

Step2 创建壶身实体。

创建草图 1，绘制底面六边形轮廓。单击"创建二维草图"按钮📝，选择 XY 平面，单击"多边形"按钮 ⬡，在弹出的对话框中输入边数 6，选择中心为原点。绘制如图 2-1-3 所示的图形，单击"完成草图"按钮✓，退出草图。

创建工作平面1。单击"平面"下拉菜单中的"从平面偏移"按钮 ▯▯，选择 XY 平面，输入偏移距离 40mm，如图 2-1-4 所示，单击 ✓ 确认。

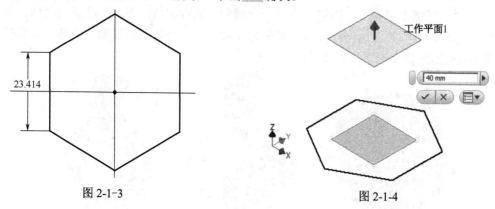

图 2-1-3   图 2-1-4

创建草图 2，绘制壶颈部六边形轮廓。单击"创建二维草图"按钮 ▨，选择工作平面1，单击"多边形"按钮 ⬡，在弹出的对话框中输入边数 6，选择中心为原点。绘制如图 2-1-5 所示的图形，单击"完成草图"按钮 ✓，退出草图。

创建工作平面2。单击"平面"下拉菜单中的"平面绕边旋转"按钮 ◈，平面选择 YZ 平面，旋转轴选择 Z 轴，输入旋转角度 60，如图 2-1-6 所示，单击 ✓ 确认。

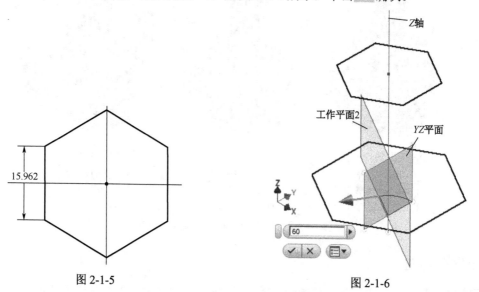

图 2-1-5   图 2-1-6

创建草图 3，绘制壶体曲线1。单击"创建二维草图"按钮，选择工作平面2，绘制如图 2-1-7 所示的图形，使曲线两个端点分别与上下草图六边形顶点重合，单击"完成草图"按钮 ✓，退出草图，结果如图 2-1-8 所示。

创建工作平面 3。单击"平面"下拉菜单中的"平面绕边旋转"按钮 ◈，平面选择 XZ 平面，旋转轴选择 Z 轴，输入旋转角度 30，如图 2-1-8 所示。

创建草图 4，绘制壶体曲线2。单击"创建二维草图"按钮 ▨，选择工作平面 3，绘制如图 2-1-7 所示的图形，使曲线两个端点分别与上下草图六边形顶点重合，单击"完成草图"按钮，退出草图。

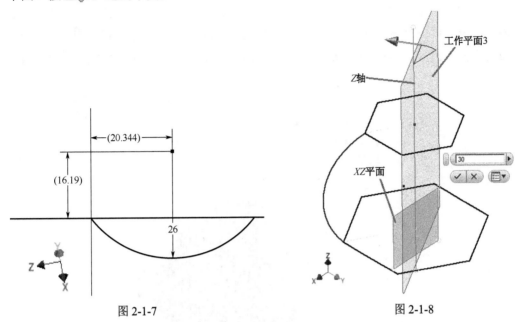

图 2-1-7

图 2-1-8

创建放样 1。单击"放样"按钮 ，弹出"放样"对话框，在"曲线"选项卡中，在"截面"空白处单击添加草图 1、2，在"轨道"空白处单击添加草图 3、4，如图 2-1-9 所示，单击"确定"按钮。

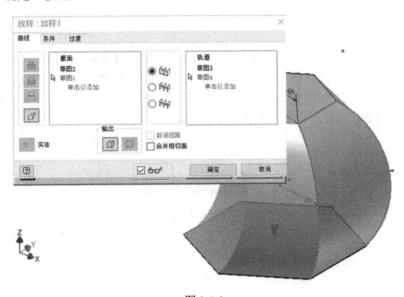

图 2-1-9

注意：

若按照创建工作平面 3、4 方法，再创建 4 个工作平面，并在 4 个工作平面上创建相同的草图曲线，在执行"放样"操作时再添加 4 个轨道草图，结果会如何呢？请你尝试操作。

右击模型树上的"放样"，在弹出的菜单中单击"特性"，选择"特征外观——金属火烧"。

创建壶身。单击"环形阵列"按钮 ，弹出对话框，选择"放样 1"，旋转轴选择 Z 轴，输入阵列个数 6，阵列角度 360，如图 2-1-10 所示，单击"确定"按钮，完成壶身的创建。

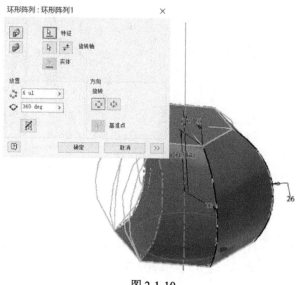

图 2-1-10

📋 **特别提示** ● ● ● ●

放样是将两个或两个以上具有不同形状或尺寸的截面轮廓均匀过渡，从而形成特征实体或曲面。与扫掠相比，放样更加复杂，用户可以选择多个截面轮廓和轨道来控制曲面。由于其具有可控性并能创建更为复杂的曲面，常用于日常电器产品和汽车表面的设计。

具体创建方法，见本节"知识链接"中的"知识点 1"。

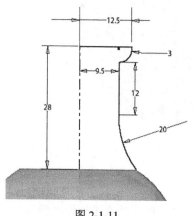

图 2-1-11

Step3 创建壶颈、壶口。

创建草图 5。单击"创建二维草图"按钮 ，选择 XZ 平面，绘制如图 2-1-11 所示的图形，单击"完成草图"按钮 ，退出草图。

创建壶颈、壶口。单击"旋转"按钮 ，在弹出的"旋转"对话框中，截面轮廓选择草图 5，旋转轴选择 Z 轴，单击"确定"按钮，完成壶颈、壶口的创建，如图 2-1-12 所示。

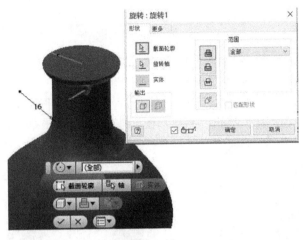

图 2-1-12

Step4 创建酒壶底座。

创建草图 6。单击"创建二维草图"按钮 ，选择 *XZ* 平面，绘制如图 2-1-13 所示的图形，单击"完成草图"按钮 ，退出草图。

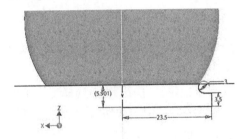

图 2-1-13

创建酒壶底座。单击"旋转"按钮 ，在弹出"旋转"对话框中，截面轮廓选择草图 6，旋转轴选择 *Z* 轴，单击"确定"按钮，完成酒壶底座的创建，如图 2-1-14 所示。

图 2-1-14

Step5 创建壶嘴。

创建工作平面 4。单击"平面"下拉菜单中的"从平面偏移"按钮█▎，选择 XY 平面，输入偏移距离 56.75mm，如图 2-1-15 所示。

创建草图 7。单击"创建二维草图"按钮▧，选择工作平面 4，选择"椭圆"●，绘制如图 2-1-16 所示的图形，单击"完成草图"按钮✔，退出草图。

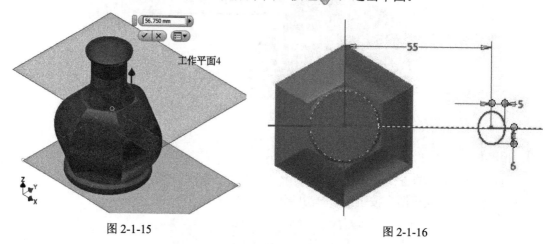

图 2-1-15   图 2-1-16

创建工作平面 5。单击"平面"下拉菜单中的"从平面偏移"按钮█▎，选择 YZ 平面，输入偏移距离 20.25mm，如图 2-1-17 所示。

创建草图 8。单击"创建二维草图"按钮▧，选择工作平面 5，选择"圆"◯，绘制如图 2-1-18 所示的图形，单击"完成草图"按钮✔，退出草图。

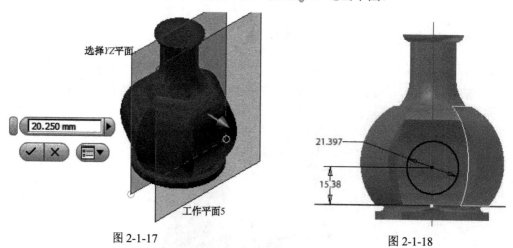

图 2-1-17   图 2-1-18

创建草图 9。单击"创建二维草图"按钮▧，选择 XZ 平面，选择"样条曲线"〜，绘制如图 2-1-19 所示的图形，单击"完成草图"按钮✔，退出草图。

创建壶嘴。单击"放样"按钮▮，弹出"放样"对话框，在"曲线"选项卡中，在"截面"空白处单击添加草图 7、8，在"轨道"空白处单击添加草图 9，单击"确定"按钮，完成壶嘴的创建，如图 2-1-20 所示。

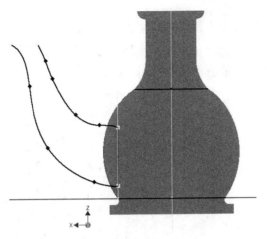

图 2-1-19

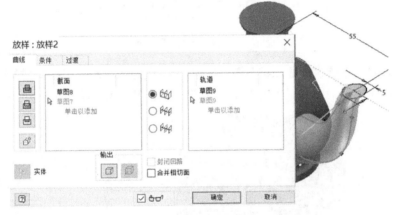

图 2-1-20

Step6 创建酒壶内腔。

单击"抽壳"按钮 ，在弹出的"抽壳"对话框中，"开口面"依次选择壶口和壶嘴表面，"厚度"输入 1mm，单击"确定"按钮，完成壶身的抽壳，如图 2-1-21 所示。

图 2-1-21

Step7 创建壶把。

创建草图 10。单击"创建二维草图"按钮🖉，选择 *XZ* 平面，选择"椭圆"⚇，绘制如图 2-1-22 所示的图形，单击"完成草图"按钮✔，退出草图。

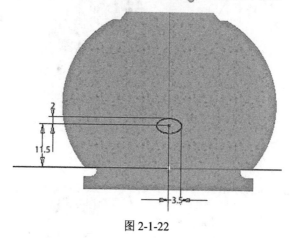

图 2-1-22

创建草图 11。单击"创建二维草图"按钮🖉，选择 *XZ* 平面，选择"样条曲线"〰，绘制如图 2-1-23 所示的图形，单击"完成草图"按钮✔，退出草图。

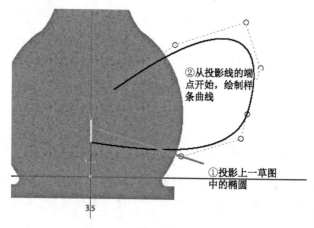

②从投影线的端点开始，绘制样条曲线

①投影上一草图中的椭圆

图 2-1-23

创建壶把。单击"扫掠"按钮🌀，弹出"扫掠"对话框，"截面轮廓"选择草图 10，"路径"选择草图 11，"特征关系"选择"新建实体"，单击"确定"按钮，完成壶把的创建，如图 2-1-24 所示。

📋 **注意：**

> 此处"特征关系"需要选择"新建实体"。在进行修剪操作后再与壶身进行合并操作。

修剪壶把多余部分。

创建草图 12。单击"创建二维草图"按钮🖉，选择 *XY* 平面，单击"投影几何图元"按钮🗐，在草图平面内投影草图 1 中的六边形，如图 2-1-25 所示，单击"完成草图"按钮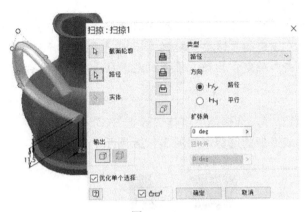，退出草图。

图 2-1-24

创建草图 13。单击"创建二维草图"按钮✍，选择 *XZ* 平面，单击"投影几何图元"按钮☲，在草图平面内投影酒壶的轮廓曲线，如图 2-1-26 所示，单击"完成草图"按钮✔，退出草图。

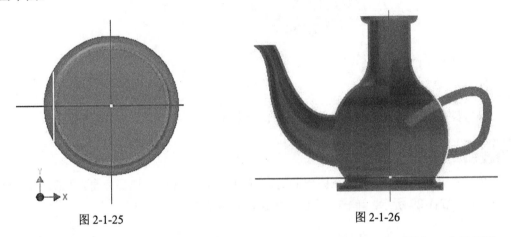

图 2-1-25   图 2-1-26

创建修剪曲面。单击"扫掠"按钮🍥，弹出"扫掠"对话框，"截面轮廓"选择草图 12，"路径"选择草图 13，单击"确定"按钮，完成修剪曲面的创建，如图 2-1-27 所示。

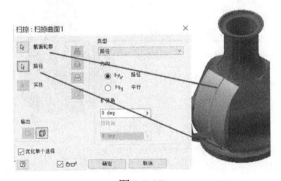

图 2-1-27

📋 **特别提示**

> 此处创建修剪曲面的方法略显麻烦。这里再介绍一个高阶方法：单击"三维模型"选项卡"创建自由造型"组中的"转换"按钮 🐾 ，在壶身上选择一修剪面，弹出"转换为自由造型"对话框，单击"确定"按钮，单击"完成自由造型"按钮 ✅ ，即完成修剪曲面创建。请你尝试一下。

单击"分割"按钮 📄 ，选择修剪实体"壶把"，分割工具选择刚创建的扫掠曲面，单击"确定"按钮，完成壶把的修剪，如图 2-1-28 所示。

图 2-1-28

✍️ **注意：**

> 修剪操作时，不同方向的选择决定保留对象。

Step8 合并壶体和壶把。

单击"合并"按钮 📄 ，在弹出的对话框中，"基础视图"选择壶身，"工具体"选择壶把，如图 2-1-29 所示，单击"确定"按钮，完成壶把与壶身的合并。

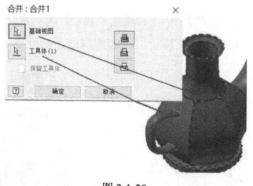

图 2-1-29

Step9 倒圆角。

单击"圆角"按钮 🍥 ，在弹出的"圆角"对话框中，选择"等半径"，输入半径 0.5mm，对壶身处各边倒圆角，如图 2-1-30。同样的方法，对壶把与壶身连接处倒 2mm 圆角，如图 2-1-31。

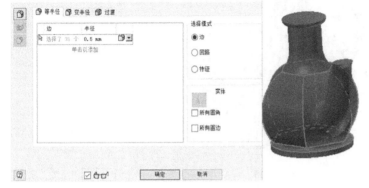

图 2-1-30

图 2-1-31

 小技巧:

> 倒圆角时，一般将相同半径的倒圆边，全部选上，一次性完成，这样也便于后续修改。同样"倒角"操作也是如此。

Step10 变半径倒圆角。

单击"圆角" 🔘 按钮，在弹出的"圆角"对话框中，选择"变半径"选项卡，"边"选择壶嘴与壶身相连接的圆，分别点选择圆的 0.5 位置点和 0 位置点，输入半径 1mm 和 2mm，单击"确定"按钮，完成倒圆角，如图 2-1-32 所示。

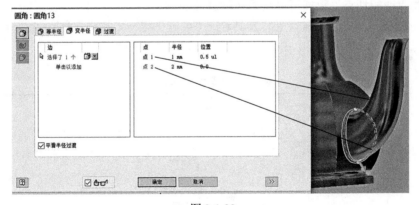

图 2-1-32

📋 **特别提示** ● ● ● ●

> 创建变半径边圆角和圆边时，可以选择从一个半径到另一个半径的平滑过渡，也可以选择半径之间的线性过渡。选择的方法取决于用户的零件设计，以及毗邻零件特征向边过渡的方式。操作时，可以在选定边的起点和终点之间指定各点，然后定义它们相对于起点的距离和半径。

完成后酒壶效果如图 2-1-33 所示。

图 2-1-33

Step11　保存文件，输入文件名：酒壶。

🧰 **知识链接**

知识点 **1** 放样

放样特征可以对多个截面轮廓（称为截面）进行过渡，并将它们转换成截面轮廓或零件面之间的平滑形状。截面可以是二维草图或三维草图中的曲线、模型边或面回路。可以使用轨道、中心线和点映射来控制形状并防止扭曲。对于开放放样，一个或两个终止截面可以是尖锐点或相切点。放样可以生成实体或曲面体。

访问功能区：单击"三维模型"选项卡→"创建"组→"放样" 🛡。该工具选项说明见表 2-1-1。

表 2-1-1　放样工具选项

对话框			放样界面（放样对话框，包含曲线、条件、过渡选项卡；截面、轨道、输出等选项）	
曲线	截面	实体放样	·二维或三维草图中的闭合曲线 ·零件面的闭合面回路（面四周是连续的边）	
		曲面放样	·二维或三维草图中开放或闭合的曲线 ·零件面的面回路。将光标暂停在回路中的边上，单击鼠标右键，然后单击"选择其他"。循环选择可用的选择	

续表

曲线		轨道		轨道是指定截面之间的放样形状的二维曲线、三维曲线或模型边。可以添加任意数目的轨道来优化放样的形状。轨道将影响整个放样实体，而不仅仅是与轨道相交的截面顶点。相邻的轨道会影响没有轨道的截面顶点。轨道必须与每个截面相交，并且必须在第一个和最后一个截面上（或在这些截面之外）终止。创建放样时，程序会忽略轨道延伸到截面之外的部分。轨道必须连续相切
		中心线		中心线是一种与放样截面成法向的轨道类型，其作用与扫掠路径类似。中心线放样使选定的放样截面的相交截面区域之间的过渡更平滑。中心线与轨道遵循相同的标准，只是中心线无须与截面相交，且只能选择一条中心线
		面积放样		面积放样可沿中心线放样控制制定点处的横截面面积。需要选择单个轨道作为中心线 将显示放样中心线上所选的每个点的截面尺寸。若要定义横截面面积和每个点的比例系数，请使用截面尺寸
	输出	实体		从开放或封闭截面创建实体特征
		曲面		从开放或封闭截面创建曲面特征。截面可以为终止其他特征的构造曲面，或者用于创建分割零件的分割工具
	特征关系	求并		将放样特征产生的体积添加到另一个特征或实体
		求差		将放样特征产生的体积从另一个特征或实体中去除
		求交		根据放样特征与另一个特征或实体的公共体积创建特征。未包含在公共体积内的材料被删除
		新实体		创建新实体。如果放样是零件文件中的第一个特征，则此选项是默认选项。选择该选项可在当前含有实体的零件文件中创建新实体。每个实体均为与其他实体分离的独立的特征集合。实体可以与其他实体共享特征
	实体			在多实体零件中选择参与该操作的实体
	封闭回路			连接放样的第一个和最后一个截面，并构成封闭回路
	合并相切面			合并放样面，且不会在特征的相切面之间创建边
条件		无条件		无边界条件
		相切条件		当截面或轨道在支线曲面或实体旁边，或选择了面回路时可用
		平滑条件		当截面或轨道在支线曲面或实体旁边，或选择了面回路时可用。为起始和终止截面及轨道启用曲率连续性
		方向条件		仅当曲线是二维草图时可用。测量相对于剖切平面的角度
		尖锐点		仅当起始截面或终止截面是一个点时可用。不会应用任何边界条件。实现从开放或封闭截面到尖头或锥形顶面的直接过渡
		相切		仅当起始截面或终止截面是一个点时可用。应用相切使放样截面过渡到圆头或盖形点

条件	🗂与平面相切	仅当起始截面或终止截面是一个点时可用。将相切应用到基于选定平面的点。使放样截面过渡到圆头的盖形状。选择平面或工作平面。不可用于中心线
	角度	表示截面或轨道平面与放样创建的面之间的过渡段包角。90°的默认值可提供垂直过渡。180°的默认值可提供平面过渡。范围从0°～180°
过渡	点集	在每个放样截面上列出自动计算的点
	映射点	在草图上列出自动计算的点，以便沿这些点对齐截面，并使放样特征的扭曲最小化。点按照选择截面的顺序列出
	位置	以无量纲值指定相对于选定点的位置。0（零）表示直线的一端，0.5表示直线的中点，1表示直线的另一端
	自动映射	默认设置为开。选中该复选框后，点集、映射点和位置度条目将为空。若要手动修改或映射点，请清除该复选框

知识点 2 创建变半径边圆角

在功能区上，单击"三维模型"选项卡→"修改"组→"圆角" 🗍，创建变半径边圆角的步骤见表 2-1-2。

表 2-1-2 创建变半径边圆角的步骤

对话框	
1	选择"圆角"
2	单击"变半径"选项卡
3	在图形窗口中，选择要添加圆角的第一条边
4	若要对边添加控制点，可以沿所选的边移动指示器，直到所需的位置，然后单击以添加控制点 注意在对闭合回路（例如，圆柱的顶端）添加变半径圆角时，则没有起点和终点，可添加用于定义半径的点
5	在"点"列表中，选择起点并输入半径，并对终点重复此操作
6	如果对边添加了控制点，则选择各个控制点并输入它们的半径和位置
7	若要对另一条边添加圆角，请在"边"列中单击提示。在图形窗口中，选择边，然后定义点和半径

课后练习

根据所给的图纸（见图 2-1-34），进行模型设计。

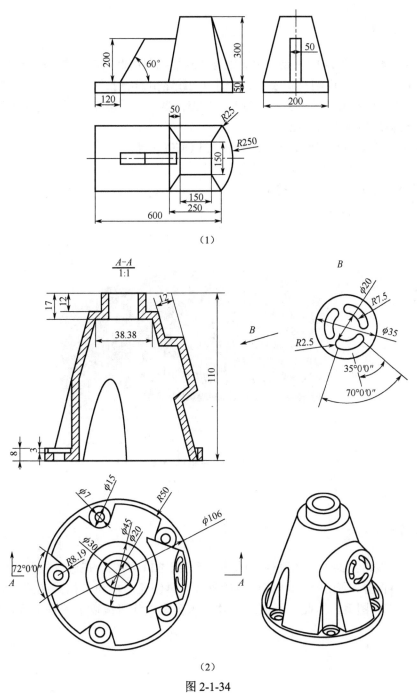

（1）

（2）

图 2-1-34

任务 2.2 无线路由器上盖模型设计

任务描述

无线路由器（见图 2-2-1）是带有无线覆盖功能的路由器，它主要应用于用户上网和无线覆盖。其上盖一般是由塑料制成，本实例中无线路由器的上盖呈"L"状，具有卡扣式连接、凸柱和止口等塑料件的特征。通过对无线路由器上盖模型设计应达到以下目标：

1. 能够熟练运用止口、凸柱命令。
2. 能够熟练运用凸雕等命令，进行商品 LOGO 设计。
3. 掌握卡扣式连接的设计方式方法。
4. 能够熟练进行文本格式的编辑。

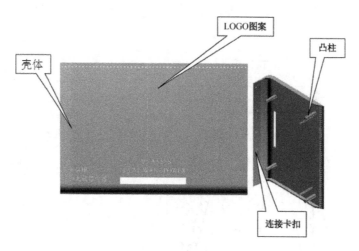

图 2-2-1 无线路由器

任务分析

本实例无线路由器上盖由壳体、凸柱、连接卡扣等组成，在进行模型设计时，应先通过拉伸、镜像等方法创建无线路由器的外壳，再创建凸柱和卡扣式连接，最后创建文字标识和 LOGO 图案。因此，无线路由器上盖模型设计可按以下流程进行，如图 2-2-2所示。

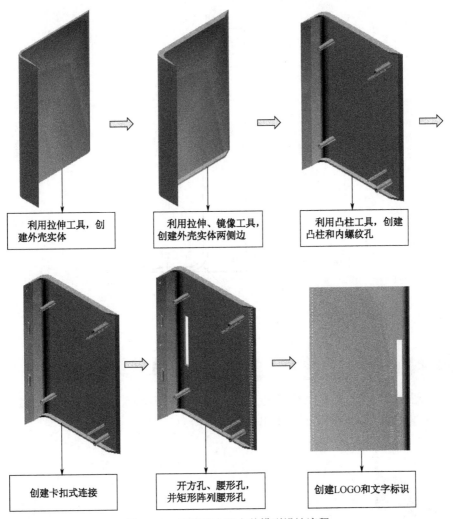

利用拉伸工具，创建外壳实体

利用拉伸、镜像工具，创建外壳实体两侧边

利用凸柱工具，创建凸柱和内螺纹孔

创建卡扣式连接

开方孔、腰形孔，并矩形阵列腰形孔

创建LOGO和文字标识

图 2-2-2　无线路由器上盖模型设计流程

任务实施

Step1 新建文件。

单击 ，在弹出的对话框中选择"Standard.ipt" ，单击"创建"按钮。

Step2 创建壳体。

创建草图 1。单击"创建二维草图"按钮 ，选择 *XY* 平面，绘制如图 2-2-3 所示的图形，单击"完成草图"按钮 ，退出草图。

单击"拉伸"按钮 ，选择截面轮廓，输入距离 160mm，选择双向拉伸，如图 2-2-4 所示，单击"确定"按钮，完成实体的创建。

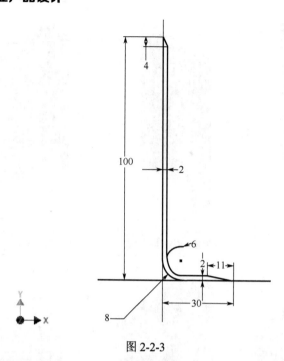

图 2-2-3

Step3 创建两侧边。

创建草图 2。单击"创建二维草图"按钮，选择实体侧面，绘制如图 2-2-5 所示的图形，单击"完成草图"按钮，退出草图。

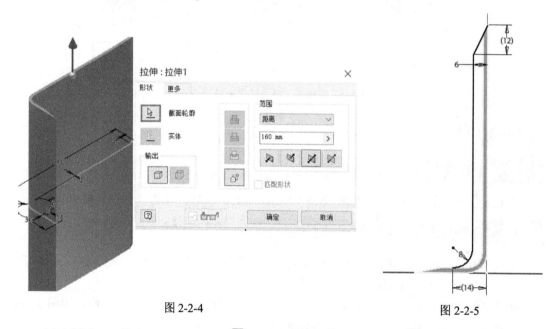

图 2-2-4   图 2-2-5

创建侧边 1。单击"拉伸"按钮，选择截面轮廓，输入距离 2mm，选择单向拉伸，如图 2-2-6 所示，单击"确定"按钮，完成侧边的拉伸。

图 2-2-6

创建侧边 2。单击"镜像"按钮 ，"特征"选择侧边 1，"镜像平面"选择 *XY* 平面，单击"确定"按钮，完成侧边 2 的创建，如图 2-2-7 所示。

特别提示

> 任何工作平面或平面都可用作对称平面以镜像选定的特征。可以镜像实体特征、定位特征、曲面特征或整个实体。对于整个实体的镜像允许镜像该实体中包含的复杂特征（例如抽壳或扫掠曲面）。

Step4 创建螺钉固定柱 1。

创建工作平面 1。单击"从平面偏移"按钮，选择实体内表面，输入偏移距离-20mm，如图 2-2-8 所示，单击"确定"按钮。

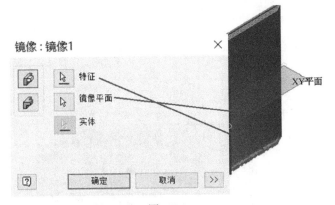

图 2-2-7

图 2-2-8

创建草图 3——凸柱放置点。单击"创建二维草图"按钮 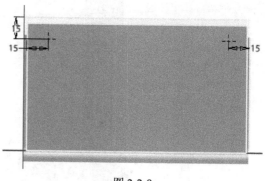，选择工作平面 1，绘制如图 2-2-9 所示的图形，单击"完成草图"按钮✔，退出草图。

创建螺钉固定柱 1。单击"三维模型"选项卡"塑料零件"组"凸柱"按钮，弹出"凸柱"对话框，各项选择和参数输入分别如图 2-2-10、图 2-2-11、图 2-2-12 所示，然后在草图 3 上选择位置点，单击"确定"按钮，完成凸柱的创建，如图 2-2-13 所示。

图 2-2-9

图 2-2-10

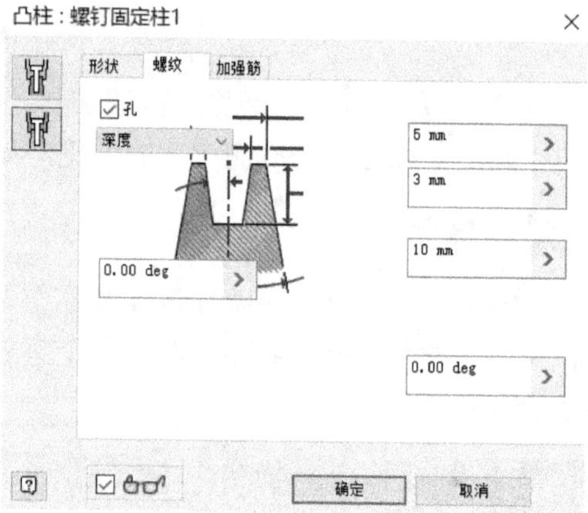

图 2-2-11

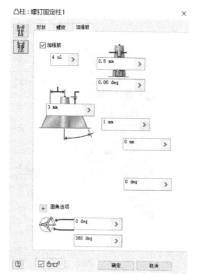

图 2-2-12

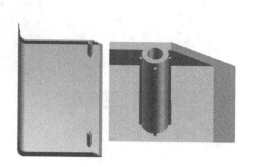

图 2-2-13

特别提示 • • • • •

① "塑料零件"按钮组是该软件一个特色，可以方便用户快速完成塑料件中特有的结构特征，如凸柱、支撑台、卡扣连接、止口等。

② 紧固件是塑件中的常用连接机构，使用凸柱特征，可以设计紧固件放置的两个零部件，称为"端部"和"螺纹"，也可以设计紧固加强筋。

Step5 创建凸柱内螺纹。

单击"螺纹"按钮 ▤，弹出对话框，在"位置"选项卡中，"面"选择内孔表面，如图 2-2-14 所示，在"定义"选项卡中，定义螺纹类型及参数（见图 2-2-15），单击"确定"按钮，完成凸柱内螺纹的创建。

图 2-2-14

图 2-2-15

同理创建另一凸柱的内螺纹。

Step6 创建凸柱 2。

创建草图 4——凸柱放置点。单击"创建二维草图"按钮 ▨，选择工作平面 1，绘制如图 2-2-16 所示的图形，单击"完成草图"按钮 ✔，退出草图。

图 2-2-16

创建凸柱 2。单击"凸柱"按钮 ▦，弹出对话框，各项选择和参数输入分别如图 2-2-17、图 2-2-18、图 2-2-19 所示，然后在草图上选择位置点，单击"确定"按钮，完成凸柱 2 的创建，如图 2-2-20 所示。

图 2-2-17

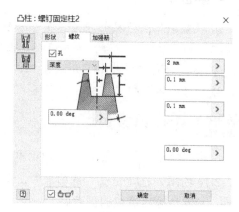

图 2-2-18

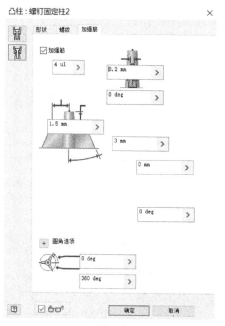

图 2-2-19

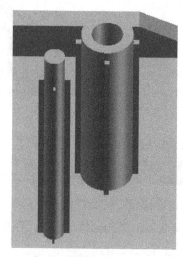

图 2-2-20

Step7 创建凸柱 **3**。

创建草图 5——凸柱放置点。单击"创建二维草图"按钮 ✎，选择工作平面 1，绘制如图 2-2-21 所示的图形，单击"完成草图"按钮 ✔，退出草图。

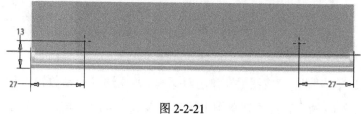

图 2-2-21

创建凸柱 3。单击"凸柱"按钮 🎛️，弹出对话框，各项选择和参数输入分别如图 2-2-22、图 2-2-23、图 2-2-24 所示，然后在草图上选择位置点，单击"确定"按钮，完成凸柱 3 的创建，如图 2-2-25 所示。

图 2-2-22

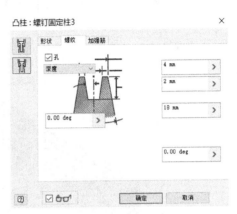

图 2-2-23

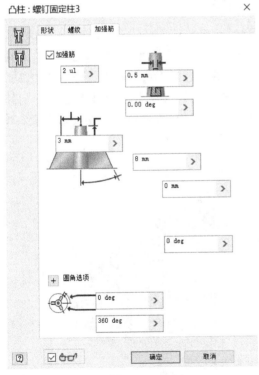

图 2-2-24

图 2-2-25

📋 **特别提示** ● ● ● ● ●

这里凸柱放置位置采用"草图",若模型中有"中心"参考可以省去草图。

Step8 创建卡扣式连接钩。

创建草图6。单击"创建二维草图"按钮📝,选择斜表面,绘制如图 2-2-26 所示的图形,单击"完成草图"按钮✔,退出草图。

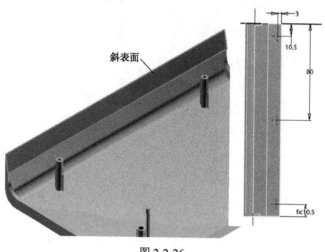

图 2-2-26

创建卡扣式连接钩。单击"卡扣式连接"按钮🔧,弹出"卡扣式连接"对话框,选择"悬背式卡扣式连接钩",在"形状"选项卡中,"放置"选择"从草图",单击"钩方向"调整至需要的方向,如图 2-2-27 所示;在"梁"和"钩"选项卡中的参数选择分别如图 2-2-28 和图 2-2-29 所示,单击"确定"按钮,完成卡扣式连接钩的创建,如图 2-2-30 所示。

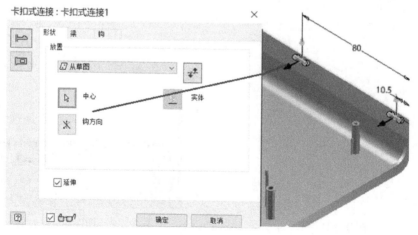

图 2-2-27

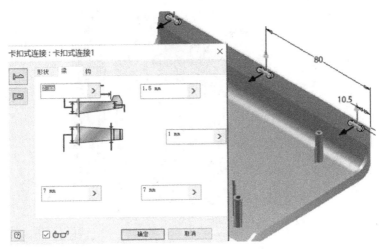

图 2-2-28

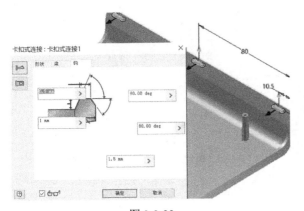

图 2-2-29

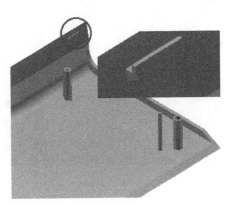

图 2-2-30

 特别提示 ● ● ● ●

① 塑件之间的普通连接机构是卡扣式连接。该特征可塑造卡扣式连接的最常见形状：挂钩和环孔样式。具体创建方法，见本节"知识链接"中的"知识点 1"。

② 本任务仅介绍了"卡扣式连接"中的连接钩，未介绍与连接钩配合的连接扣，连接扣参数设计方法与连接钩一样，但需要注意的是相配合的连接钩与连接扣的参数的协调性。

Step9 创建卡扣式连接扣。

创建草图 7。单击"创建二维草图"按钮 ，选择斜表面，绘制如图 2-2-31 所示的图形，单击"完成草图"按钮 ，退出草图。

创建卡扣式连接扣。单击"卡扣式连接"按钮 ，弹出"卡扣式连接"对话框，选择"悬背式卡扣式连接扣"，在"形状"选项卡中，"放置"选择"从草图"，单击"扣方向"调整至需要的方向，如图 2-2-32 所示；在"扣"和"夹"选项卡中的参数选择分别如图 2-2-33 和图 2-2-34 所示，单击"确定"按钮，完成卡扣式连接扣的创建，如图 2-2-35 所示。

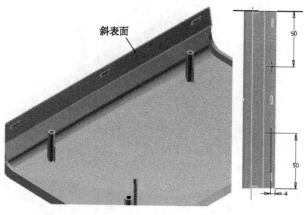

斜表面

图 2-2-31

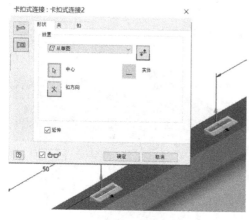

图 2-2-32

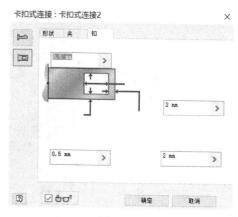

图 2-2-33

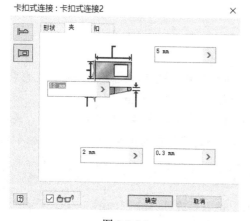

图 2-2-34

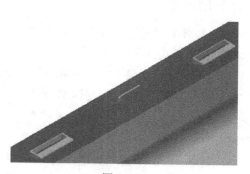

图 2-2-35

Step10 创建方孔。

创建草图 8。单击"创建二维草图"按钮，选择实体背面，绘制如图 2-2-36 所示的图形，单击"完成草图"按钮，退出草图。

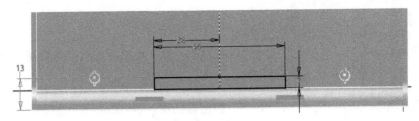

图 2-2-36

创建方孔。单击"拉伸"按钮 ，弹出对话框，"截面轮廓"选择草图 8，"特征关系"选择求差，"范围"选择"贯通"，如图 2-2-37 所示，单击"确定"按钮，完成方孔的创建。

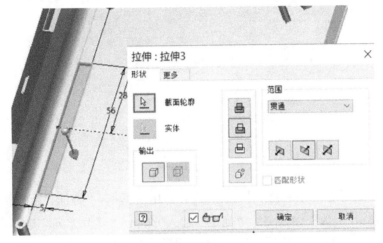

图 2-2-37

Step11 创建腰形孔。

创建草图 9。单击"创建二维草图"按钮 ，选择实体顶面，绘制如图 2-2-38 所示的图形，单击"完成草图"按钮 ，退出草图。

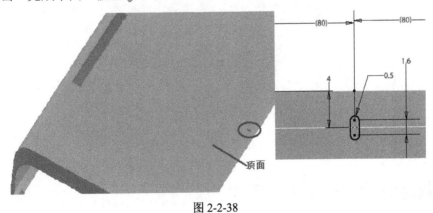

图 2-2-38

> 若拉伸的孔为通孔，"距离"选择"通孔"是一种快捷选择方式。当然还可用其他距离确定快捷方式，注意积累这方面的经验。

创建腰形孔。单击"拉伸"按钮，弹出对话框，"截面轮廓"选择草图 9，"特征关系"选择求差，"范围"选择"贯通"，如图 2-2-39 所示，单击"确定"按钮，完成腰形孔的创建。

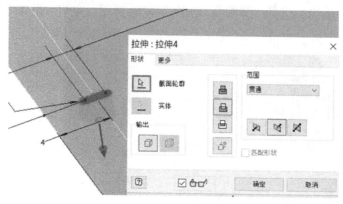

图 2-2-39

阵列腰形孔。单击"矩形阵列"按钮，弹出对话框，"特征"选择腰形孔，"方向1"选择一边线，"个数"输入 53，"间距"输入 3mm，"阵列方向"选择为双向阵列，如图 2-2-40 所示，单击"确定"按钮，完成腰形孔的阵列。

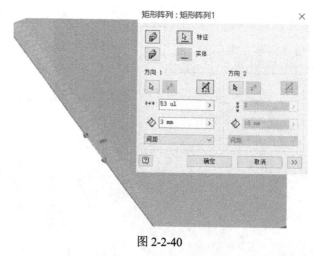

图 2-2-40

Step12 创建位置卡扣。

创建草图 10。单击"创建二维草图"按钮，选择 XY 平面，绘制如图 2-2-41 所示的图形，单击"完成草图"按钮，退出草图。

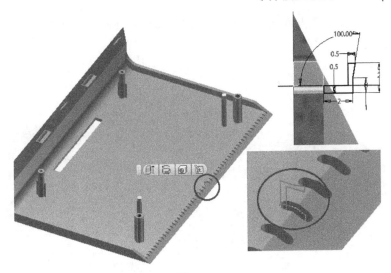

图 2-2-41

创建位置卡扣。单击"拉伸"按钮 ▢▮，弹出对话框，"截面轮廓"选择草图 10，"特征关系"选择求和，距离输入 1mm，如图 2-2-42 所示，单击"确定"按钮。

阵列位置卡扣。单击"矩形阵列"按钮 ▦，弹出对话框，选择特征卡扣，输入阵列个数 53，间距 3mm，选择阵列方向为双向阵列，单击"确定"按钮，如图 2-2-43 所示，完成位置卡扣的阵列。

图 2-2-42

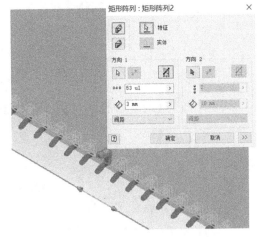

图 2-2-43

Step13 创建 LOGO 和标识。

创建草图 12。单击"创建二维草图"按钮 ▨，选择实体顶面，单击"文字"按钮 **A**，屏幕左下角提示在某处或两角处单击（选择合适的位置），弹出文字输入对话框，设计如图 2-2-44 所示的文字，单击"完成草图"按钮 ✔，退出草图。

创建 LOGO 和标识。单击"凸雕"按钮 🖐，弹出对话框，单击"截面轮廓"按钮，输入深度 0.1mm，选择"从面凸雕"并设置方向，单击"确定"按钮，如图 2-2-45 所示，完成 LOGO 的创建。

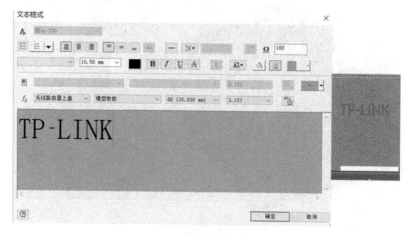

图 2-2-44

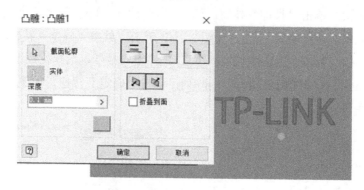

图 2-2-45

同理凸雕其他标识和指示文字，字体选择华文楷体（分别见图 2-2-46、图 2-2-47）。

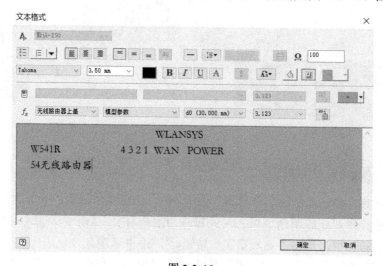

图 2-2-46

图 2-2-47

Step14 保存文件，输入文件名：无线路由器上盖。

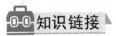知识链接

知识点 1 卡扣式连接

塑件之间的普通连接机构是卡扣式连接。该特征可塑造卡扣式连接的最常见形状：挂钩和环孔样式。

访问功能区：单击"三维模型"选项卡→"塑料零件"组→"卡扣式连接" ，该工具选项说明见表 2-2-1。

表 2-2-1　卡扣式连接工具选项

对话框	
	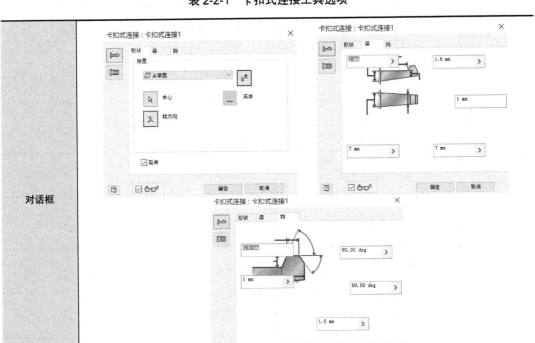

续表

样式规格		悬臂式卡扣式连接钩	样式	
		悬臂式卡扣式连接扣	样式	

"形状" 选项卡		"实体"可指定卡扣式连接特征的目标实体		
		"从草图",该放置方式需要草图平面上的点(中心)		
				"反转梁方向或夹子方向"可反转方向(最初对应于草图平面法向)
				"中心"可指定中心位置。使用"中心点"开关创建的点将自动选中
				"钩方向"提供以90°为间隔的四个箭头以供选择
		"参考点",该放置方式需要三维工作点或草图点(中心)和两个方向		
				"反转梁方向或夹子方向"可定义方向
				"梁方向"可反转"方向"选项所定义的矢量方向为相反的方向
				"挂钩/扣方向选择器"在指定"参考点"时可指定挂钩/吊扣的方向
				"钩方向"提供可选择的四个箭头,每个箭头方向之间都相差90°

延伸		延伸到下一个
		在点处停止

梁		墙壁上的梁厚度
		梁长度
		钩上的梁厚度
		墙壁上的梁宽度
		钩上的梁宽度

续表

钩	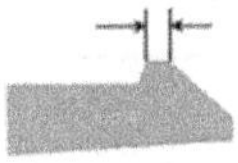	挂钩端长度
	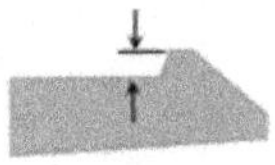	挂钩底切深度
	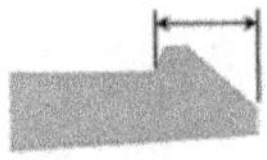	挂钩长度
		挂钩保留面角
		挂钩插入面角
夹	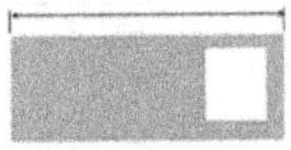	夹子长度
		夹子宽度
		墙壁上的梁厚度
		顶部梁厚度
扣	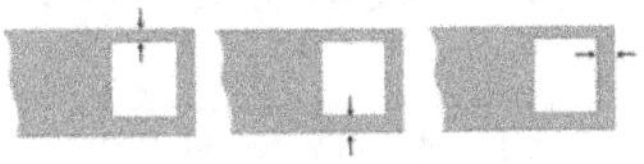	侧面和顶部的扣边的宽度
	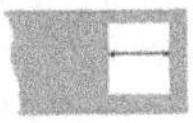	扣开口长度

知识点 2 文本格式

文本内容、属性和特性将在"文本格式"对话框中设置并编辑。使用"文本格式"对话框可以：①添加或编辑工程图中的注释或草图中的文本；②指定标题栏、图框、基准标识符和缩略图符号的文本属性；③为尺寸、视图标签、孔注释、孔标志以及倒角注释添加或编辑文本。

访问功能区：单击"草图"选项卡→"绘制"组→"文本"A，文本格式工具见表 2-2-2。

表 2-2-2　文本格式工具

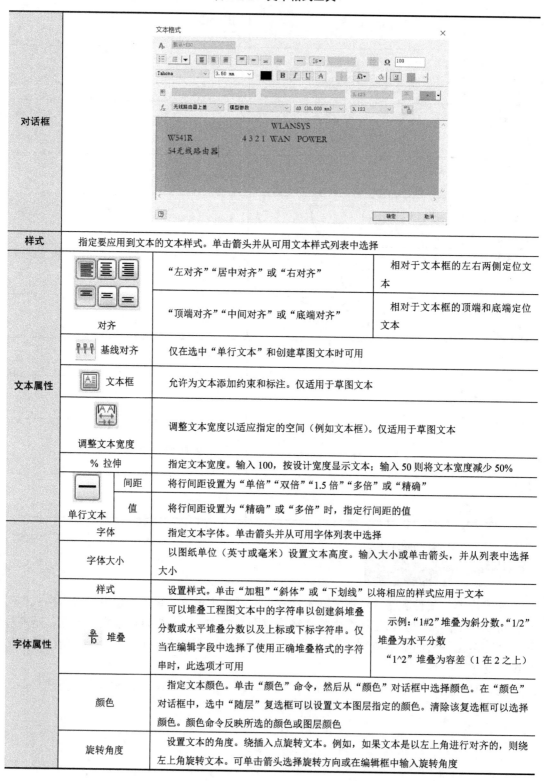

对话框		
样式	指定要应用到文本的文本样式。单击箭头并从可用文本样式列表中选择	
文本属性	对齐	"左对齐""居中对齐"或"右对齐"	相对于文本框的左右两侧定位文本
		"顶端对齐""中间对齐"或"底端对齐"	相对于文本框的顶端和底端定位文本
	基线对齐	仅在选中"单行文本"和创建草图文本时可用	
	文本框	允许为文本添加约束和标注。仅适用于草图文本	
	调整文本宽度	调整文本宽度以适应指定的空间(例如文本框)。仅适用于草图文本	
	% 拉伸	指定文本宽度。输入 100,按设计宽度显示文本;输入 50 则将文本宽度减少 50%	
	单行文本　间距	将行间距设置为"单倍""双倍""1.5 倍""多倍"或"精确"	
	单行文本　值	将行间距设置为"精确"或"多倍"时,指定行间距的值	
字体属性	字体	指定文本字体。单击箭头并从可用字体列表中选择	
	字体大小	以图纸单位(英寸或毫米)设置文本高度。输入大小或单击箭头,并从列表中选择大小	
	样式	设置样式。单击"加粗""斜体"或"下划线"以将相应的样式应用于文本	
	堆叠	可以堆叠工程图文本中的字符串以创建斜堆叠分数或水平堆叠分数以及上标或下标字符串。仅当在编辑字段中选择了使用正确堆叠格式的字符串时,此选项才可用	示例:"1#2"堆叠为斜分数。"1/2"堆叠为水平分数 "1^2"堆叠为容差(1 在 2 之上)
	颜色	指定文本颜色。单击"颜色"命令,然后从"颜色"对话框中选择颜色。在"颜色"对话框中,选中"随层"复选框可以设置文本图层指定的颜色。清除该复选框可以选择颜色。颜色命令反映所选的颜色或图层颜色	
	旋转角度	设置文本的角度。绕插入点旋转文本。例如,如果文本是以左上角进行对齐的,则绕左上角旋转文本。可单击箭头选择旋转方向或在编辑框中输入旋转角度	

续表

模型工程图和自定义特性	图纸或草图	图纸上第一个视图的顶层模型。如果图纸上的第一个基础视图被删除，则图纸上的下一个基础视图就成为特性数据源
	视图草图	视图的顶层模型 注意工程图更新状态被延迟或参考的模型文档无法读取时，将不更新基于模型的文本特性值
	类型	指定工程图、源模型以及在"文档设置"对话框的"工程图"选项卡上指定的自定义特性源文件（针对外部和模型自定义特性）的特性类型。创建或编辑草图文本（在"图纸""视图"或"草图视图"草图中）、符号文本、标题栏和图框文本时可以使用该选项
	特性	指定与所选类型关联的特性。创建或编辑所有工程图文本（包括注释中的文本特性、指引线文本、草图文本、符号文本、标题栏和图框文本）时可用
	精度	指定文本中显示的数字特性的精度。从列表中选择所需精度
	$\mathbf{X}_{\boldsymbol{\rceil}}$ 添加文本参数	将在"类型和特性"中选择的参数插入到文本中。在创建或编辑工程图文本（包括草图文本、符号文本、注释文本、指引线文本、标题栏和图框文本）时可用
参数	零部件	指定包含参数的模型文件。如果工程图中包含多个模型的视图，可以单击箭头，然后从列表中选择文件。如果工程图中包含衍生零件，则其主零件也包含在此列表中
	参数	指定要插入文本中的参数。单击箭头并从列表中进行选择。列表中的参数会根据所选的"来源"而变化
	精度	指定文本中显示的数值型参数的精度。从列表中选择所需精度
	添加参数	将从选定零部件中选择的参数添加到文本中
符号		在插入点将符号插入文本。单击箭头并从调色板中选择符号。最上面的三个符号是直径符号、角度符号和正负符号，它们使用激活的字体。所有其他符号使用 AIGDT 字体。在工程图中，可用的符号由激活的制图标准确定
缩放命令		放大或缩小编辑框中的文本和符号。单击向上箭头为放大，单击向下箭头为缩小

课后练习

根据所给图形尺寸（见图 2-2-48），进行无线路由器下壳模型设计。

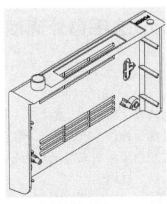

图 2-2-48

1 ∶ 1

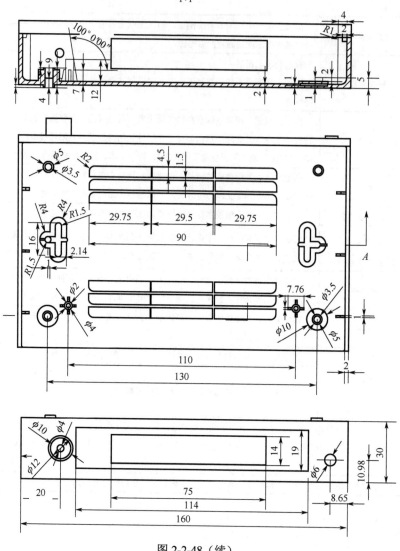

图 2-2-48（续）

任务 2.3　去毛器外壳模型设计

 任务描述

　　去毛器主要用于衣服毛球的清理，种类多，式样新。去毛器外壳（见图 2-3-1）主要是对内部机件起保护作用，又是外部装饰件，所以设计一款漂亮、美观、实用的去毛器外壳很重要。此外，去毛器外壳一般是由塑料制成的，因此它也具有塑料件常见结构特征。通过对去毛器外壳模型设计应达到以下目标：

　　1. 能够熟练创建多层面的草图，并合理使用放样命令生成漂亮美观的外形。

2．能够熟练使用二维草图绘图工具，并能够熟练对二维草图进行编辑修改。

3．能够合理建立零件的绘图原始坐标系，以便于各零件的后续装配。

4．能够掌握理解曲面造型中的修剪、加厚、缝合等命令的使用方法。

5．能够熟练运用栅格孔、规则圆角命令。

6．熟悉嵌片、灌注等工具。

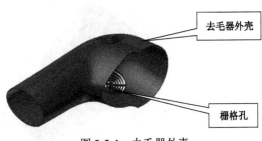

图 2-3-1　去毛器外壳

任务分析

去毛器外壳外形一般为对称结构，由曲面构成。所以在模型设计时，可通过放样、拉伸、再修剪、加厚偏移曲面或者采用灌注加抽壳的方法生成。本实例可采用加厚/偏移曲面的方法造型。去毛器外壳模型设计可按以下流程进行，如图 2-3-2 所示。

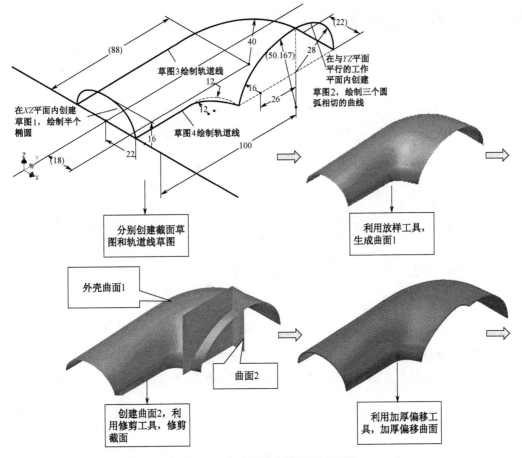

图 2-3-2　去毛器外壳模型设计流程

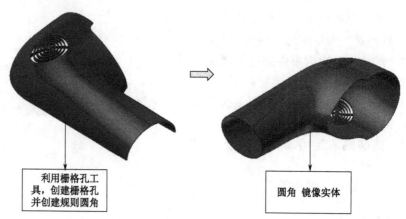

图 2-3-2　去毛器外壳模型设计流程（续）

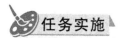 **任务实施**

Step1　新建文件。

Step2　创建外壳曲面 1（曲面 1 见图 2-3-2）。

　　创建草图 1、2、3、4。单击"创建二维草图"按钮 ，分别创建如图 2-3-3 所示的 4 个草图。

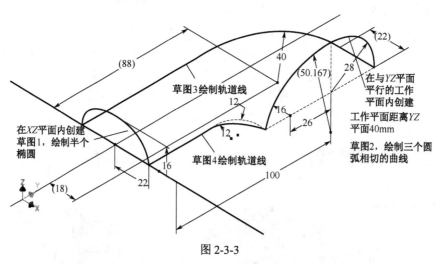

图 2-3-3

　　创建外壳曲面 1。单击"放样"按钮 ，在弹出的对话框中，"截面"选择"草图 1"和"草图 2"，"轨道"选择"草图 3"和"草图 4"，单击"确定"按钮，生成曲面 1（见图 2-3-4）。

特别提示 ● ● ● ●

　　复杂模型（一般含曲面）设计一般思路是：由曲线生成曲面，再由曲面生成模型表面。因此，曲面设计成为复杂模型设计的关键。

常见的创建曲面方法有：

① "拉伸" 或 "旋转" 开放式截面轮廓曲线。

② "扫掠" 生成曲面 （截面轮廓和路径一般是开放曲线）。

③ "放样" 生成曲面 （截面和轨道一般是开放曲线）。

④ "边界嵌片" （见本节"知识链接"中的"知识点 1"）生成曲面（曲线边界要闭合）。

请你在实践中应用这些方法。

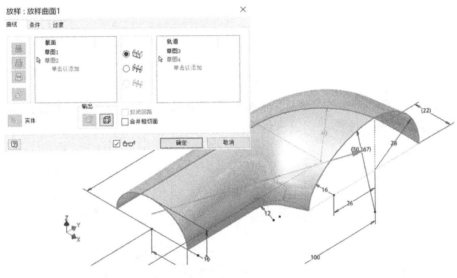

图 2-3-4

Step3 创建曲面 2（曲面 2 见图 2-3-2）。

创建草图 5。单击"创建二维草图"命令，选择 *XY* 平面，绘制如图 2-3-5 所示的草图，单击"完成草图"按钮，退出草图。

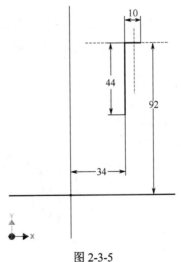

图 2-3-5

创建工作平面 2。单击"从平面偏移"按钮 ，选择 *YZ* 平面。输入距离 34mm，单击"确定"按钮（见图 2-3-6）。

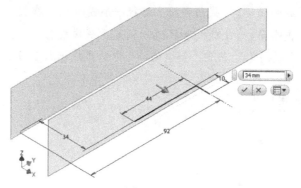

图 2-3-6

创建草图 6。单击"创建二维草图"按钮 ，选择工作平面 2，绘制如图 2-3-7 所示的草图，单击完成草图"按钮 ，退出草图。

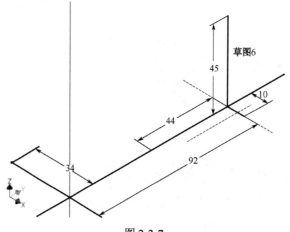

图 2-3-7

创建曲面 2。单击"扫掠"按钮 ，弹出"扫掠"对话框，"截面轮廓"选择草图 5，"路径"选择草图 6，单击"确定"按钮，完成曲面 2 的创建（见图 2-3-8）。

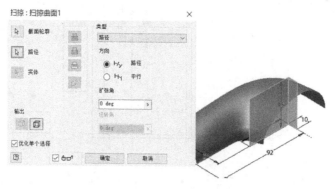

图 2-3-8

Step4 修剪外壳曲面。

单击"三维模型"选项卡"曲面"组中"修剪"按钮 ⚡，弹出"修剪"曲面对话框，"修剪工具"选择曲面 2，单击要删除的面，单击"确定"按钮（见图 2-3-9）。

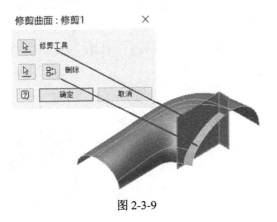

图 2-3-9

特别提示 ● ● ● ●

（草图）曲线修剪 ⚡、实体分割（修剪）▱、曲面修剪 ⚡，它们之间具有相似的地方，请你比较它们在使用上的差异。

Step5 加厚曲面。

单击"加厚/偏移"按钮 ⬙，在弹出的对话框中，选择修剪后的曲面，输入"距离"1mm，选择加厚偏移的方向，单击"确定"按钮，完成曲面的加厚。（见图 2-3-10）

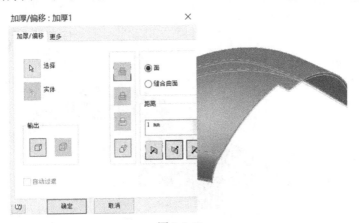

图 2-3-10

特别提示 ● ● ● ●

对曲面"加厚/偏移" ⬙是由曲面生成实体的方法之一。此外还有以下方法：
① 用"曲面修剪实体" ▱。
② 用曲面替换实体表面"替换面"（"曲面"组中）⬒。

③ 用"缝合曲面" ▦ 缝合封闭曲面成实体。

④ 用"灌注" ▣ 灌注封闭曲面成实体。(见本节"知识链接"中的"知识点2")
请你尝试使用这些方法。

Step6　倒圆角。

单击"圆角"按钮 ◔，在弹出的对话框中，按图2-3-11所示进行设置，单击"确定"
按钮。

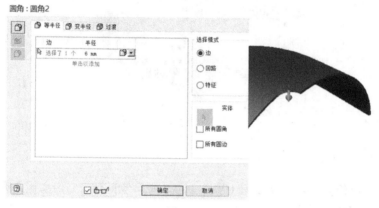

图2-3-11

Step7　创建栅格孔。

创建工作平面3。单击"从平面偏移"按钮 ▥，选择XY平面，输入距离30mm，单
击"确定"按钮（见图2-3-12）。

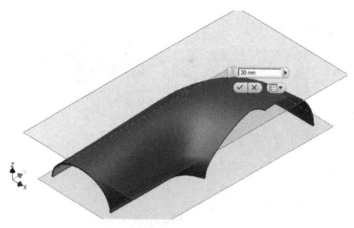

图2-3-12

创建草图7。单击"创建二维草图"按钮 ▨，选择工作平面3，绘制图2-3-13所示的
图形，单击"完成草图"按钮 ✔，退出草图。

创建栅格孔。选择"三维造型"选项卡"塑料零件"组，单击"栅格孔"按钮 ▦，
在弹出的对话框中各项设置分别如图2-3-14、图2-3-15、图2-3-16、图2-3-17所示，单击

"确定" 按钮，完成栅格孔的创建。

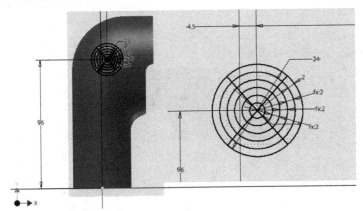

图 2-3-13

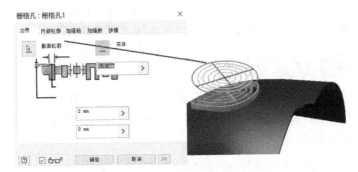

图 2-3-14

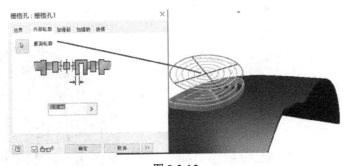

图 2-3-15

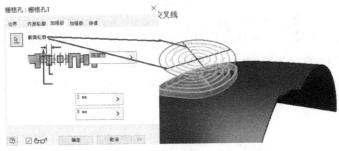

图 2-3-16

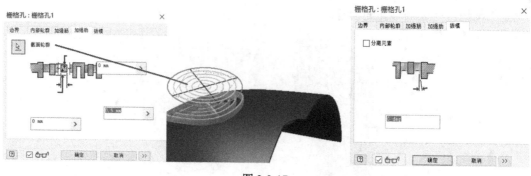

图 2-3-17

📋 **特别提示** ● ● ● ●

栅格孔特征用于在零件的薄壁上创建孔或缺口从而为内部零部件提供空气流。主要通过在零件的曲面上投影一个或多个二维草图的阵列来创建栅格孔特征。Inventor 软件提供的直接生成栅格孔工具是该软件一个特色，可以提高模型创建效率。

Step8 栅格孔倒圆角。

选择"三维造型"选项卡"塑料零件"组，单击"规则圆角"按钮🌑，在弹出的对话框中，"源"选择"特征"，单击栅格孔特征，输入半径 0.2mm，"规则"选择"对照零件"，单击"确定"按钮（见图 2-3-18）。

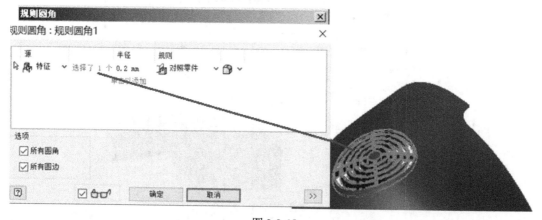

图 2-3-18

Step9 创建另一半实体。

单击"镜像"按钮🔗，在弹出的对话框中，"实体"选择前面创建的实体，"镜像平面"选择 XY 平面，"特征关系"选择求和，单击"确定"按钮（见图 2-3-19）。

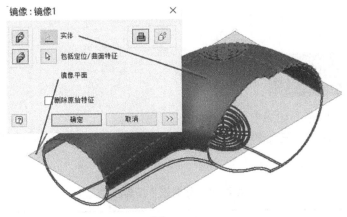

图 2-3-19

Step10 圆角。

单击"圆角"按钮，在弹出的对话框中，选择"等半径"选项卡，输入半径 12mm，如图 2-3-20 所示，单击"确定"按钮。

图 2-3-20

Step11 保存文件，输入文件名：去毛器外壳。

特别提示

Inventor 2017 提供的塑料零件特征工具除了前面介绍的"栅格孔" 、"凸柱" 、"卡扣式连接" 、"规则圆角" 外，还有"止口" 、"支撑台" 工具。

① "止口"工具用于创建在分模线处精确连接两个零件的特征，包括止口和匹配的槽（见本节"知识链接"中的"知识点 3"）。

② "支撑台"工具用于在突出到零件或实体内部和外部的曲面上创建扁平区域（见本节"知识链接"中的"知识点 4"）。

知识链接

知识点 1 边界嵌片

在指定的闭合回路的边界内创建平面或三维曲面。

访问功能区：单击"三维模型"选项卡→"曲面"组→"边界嵌片"，该工具选项说明见表 2-3-1。

表 2-3-1 边界嵌片工具选项

对 话 框	
外部轮廓	指定嵌片的边界。选择闭合的二维草图或连续相切的链选边，来指定闭合面域。选择的边界表示一个闭合面域后，可以选择下一个边界
条 件	列出选定边的名称和选择集中的边数。指定应用于边界嵌片每条边的边条件。单击箭头以选择边条件
	接触（G0）
	相切（G1） · 注意：不能将相切（G1）或平滑（G2）边界条件应用
	平滑（G2） · 于具有两个相邻面的选定草图或边
自动链选边	设定边选首选项。选中该复选框可自动选择所有边。清除该复选框则只选择指定的边

知识点 2 灌注

根据边界、自由曲面几何图元，在实体模型或曲面中添加和删除材料。曲面无须修剪即可共享公用边。

访问功能区：单击"三维模型"选项卡→"曲面"组→"灌注"，该工具选项说明见表 2-3-2。

表 2-3-2 灌注工具选项

对话框	

添加	根据选定的几何图元，将材料添加到实体或曲面。默认情况下，应用程序选择全部选定曲面的两侧
删除	根据选定的几何图元，将材料从实体或曲面中删除。默认情况下，应用程序选择全部选定曲面边框中心的对侧
新建实体	创建新实体。如果灌注是零件文件中的第一个实体特征，则该选项为默认选择。选择该选项可在包含实体的零件文件中创建新实体。每个实体均为与其他实体分离的独立的特征集合。实体可以与其他实体共享特征
曲面	选择单独的曲面或工作平面作为灌注操作的边界几何图元。此外，也可以在图形窗口或浏览器中单击鼠标右键，然后单击"全选"。使用该选项可以选择三维模型中可见的单个曲面体和任意组合特征
实体	在多实体零件中选择参与该操作的实体
预览	计算选定的曲面，并显示灌注操作的默认方式以及面选择箭头。添加的曲面以绿色表示，删除的曲面以红色表示，清除该复选框可以关闭预览 单击图形窗口中的面选择箭头，以指明用于灌注操作的一侧或两侧
>>	"更多"若要为此解决方案中的特征选择其他曲面方向，请单击"更多"，然后单击列表中的新方向。 "面选择"列出选择集中的曲面以及面选择的方向。单击方向命令，为列出的曲面选择其他方向。按下"删除"，从选择集中删除选定的边界
	两个方向
	一侧
	对侧

知识点 3 止口

在零件薄壁上创建止口或槽特征（见图 2-3-21）。

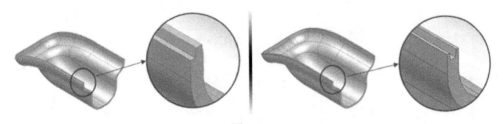

图 2-3-21

访问功能区：单击"三维模型"选项卡→"塑料零件"组→"止口" ，该工具选项说明见表 2-3-3。

表2-3-3　止口工具选项

对话框	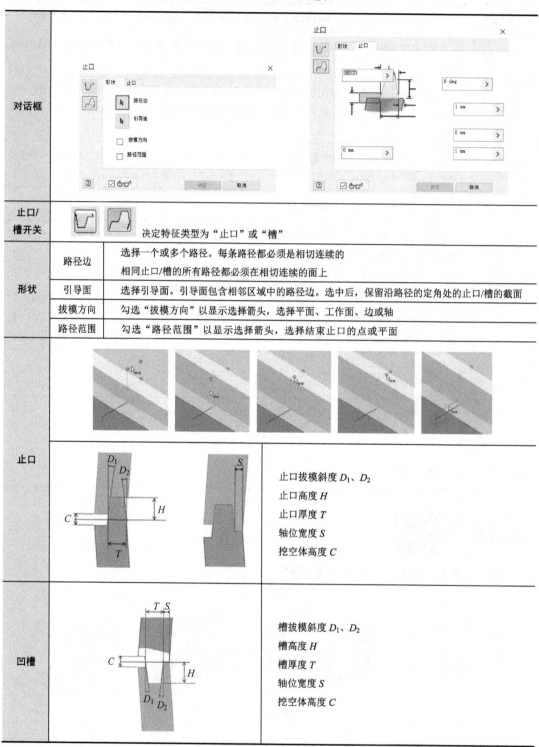
止口/ 槽开关	决定特征类型为"止口"或"槽"
形状	**路径边** 选择一个或多个路径。每条路径都必须是相切连续的 相同止口/槽的所有路径都必须在相切连续的面上
	引导面 选择引导面。引导面包含相邻区域中的路径边。选中后，保留沿路径的定角处的止口/槽的截面
	拔模方向 勾选"拔模方向"以显示选择箭头，选择平面、工作面、边或轴
	路径范围 勾选"路径范围"以显示选择箭头，选择结束止口的点或平面
止口	止口拔模斜度 D_1、D_2 止口高度 H 止口厚度 T 轴位宽度 S 挖空体高度 C
凹槽	槽拔模斜度 D_1、D_2 槽高度 H 槽厚度 T 轴位宽度 S 挖空体高度 C

知识点 **4** 支撑台

使用封闭草图创建支撑台特征。支撑台特征将创建切透薄壁目标实体的薄壁面，然后通过相同厚度的壁将面连接到实体。

访问功能区：单击"三维模型"选项卡→"塑料零件"组→"支撑台" 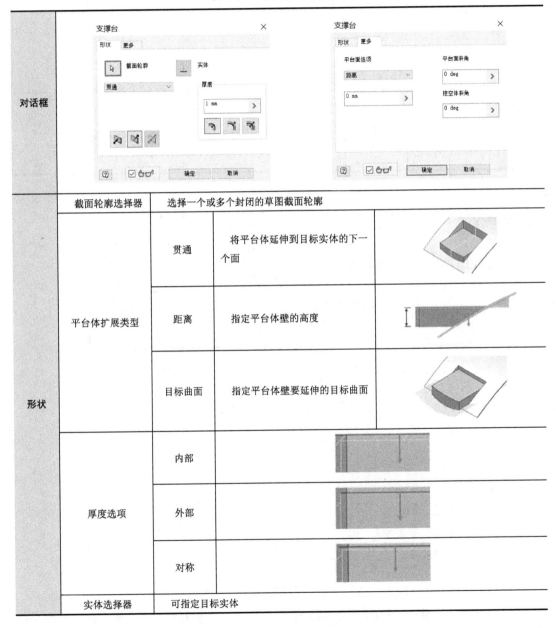，该工具选项说明见表 2-3-4。

表 2-3-4　支撑台工具选项

对话框	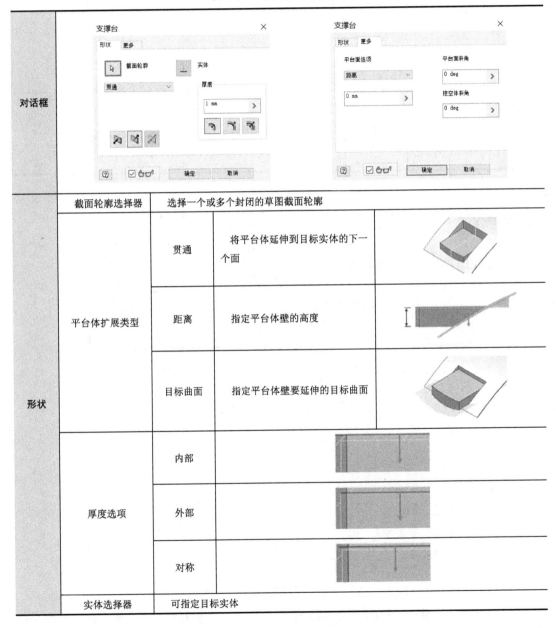		
形状	截面轮廓选择器	选择一个或多个封闭的草图截面轮廓	
	平台体扩展类型	贯通	将平台体延伸到目标实体的下一个面
		距离	指定平台体壁的高度
		目标曲面	指定平台体壁要延伸的目标曲面
	厚度选项	内部	
		外部	
		对称	
	实体选择器	可指定目标实体	

续表

更多	平台面选项	距离	指定平台面与草图平面的距离	
		目标曲面	指定要在其上放置平台面的曲面	
		平台面斜角	可指定平台体的拔模斜度	
		挖空体斜角	指定挖空体壁的拔模斜度	

课后练习

1. 创建图 2-3-22 肥皂盒模型。

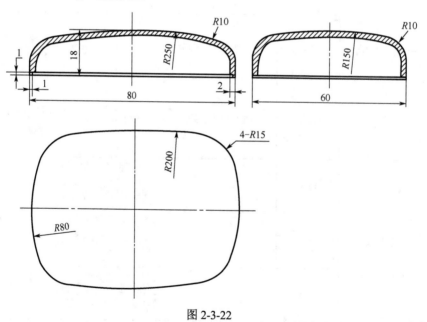

图 2-3-22

2. 吹风机模型设计，根据图 2-3-23 给定的尺寸，分别创建两个曲面，采取对两个曲面修剪、缝合，灌注、抽壳的方法，进行模型设计。

要求：外形美观、线条流畅。

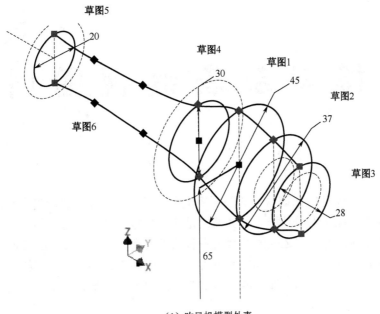

（1）吹风机模型外壳

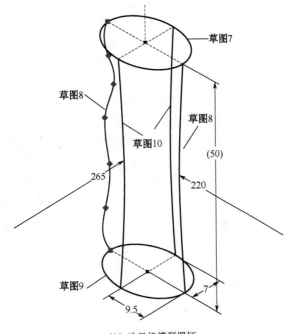

（2）吹风机模型握柄

图 2-3-23

项目三

装配模型及表达视图创建

项目描述

Inventor 2017 装配是指在该软件的装配环境中，对现有的零件或新建零件设置定位约束，从而将各零件定位在当前环境中。其目的是检验各零件是否符合产品形状和尺寸等设计要求，观看产品内部各零件之间的位置关系和约束关系。应用 Autodesk Inventor 软件进行模型装配的主要工具包括：装配和插入零部件、装配约束、零部件干涩检查等，其一般装配思路：将若干个零件装配成部件或将若干个零件和部件装配成产品。

任务 3.1　平口虎钳装配模型创建

任务描述

平口虎钳（见图 3-1-1）是一种机床通用附件，可配合工作台使用，对加工过程中的工件起固定、夹紧、定位作用。它主要由虎钳底座、动掌、滑块、钳口垫铁等构件组成。通过对平口虎钳的装配应达到以下目标：

1．熟悉装配环境，掌握创建或打开部件文件的方法。

2．熟悉零件固定、约束等概念。

3．能够熟练使用零件"位置"操作工具，选择合适的装配约束，确立零部件在装配部件中的位置。

4．熟悉"自下而上"装配方法。

5．初步掌握装配零件复制、阵列和镜像操作。

6．熟悉装配浏览器，正确使用浏览器。

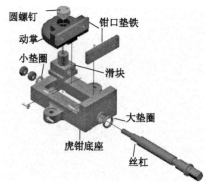

图 3-1-1　平口虎钳

任务分析

由于零件较多，我们可以一次性放置全部的零件或者依次放置单个零件。本节我们采用一次性放置全部零件，为便于观察和装配，还采取了隐藏部分零件的方法进行装配。首先装配虎钳底座和滑块，然后装配丝杠、圆螺钉、动掌，其次再装配钳口、锥螺丝钉（见图 3-1-2）。

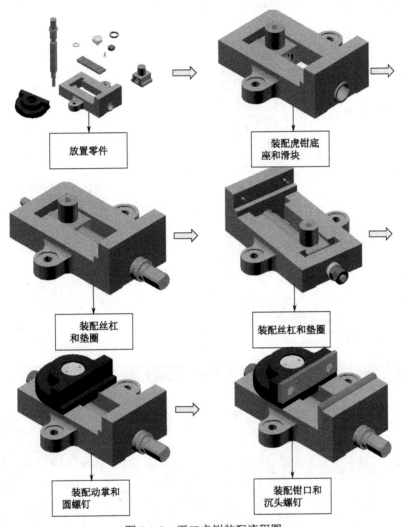

图 3-1-2 平口虎钳装配流程图

🎨 **任务实施**

Step1 建好平口虎钳各组成零件，存在某个目录中。

Step2 新建文件。

运行 Inventor 2017，单击"新建"按钮后，如图 3-1-3 所示，选择"Standard.iam"，或者在快速访问工具栏上，单击"新建"命令旁的下拉箭头，选择"部件"模板，如图 3-1-4 所示，进入模型创建环境，单击"创建"按钮，打开装配界面，如图 3-1-5 所示。

注意：

---

① 在后续操作中，请多注意状态栏和鼠标的变化，以便得到更多的操作提示。

② 注意观察对平面、曲面和边线及回转体轴线的捕捉。

图 3-1-3

图 3-1-4

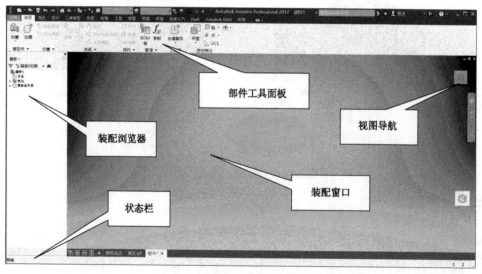

图 3-1-5

Step3 载入零件。

单击"放置"按钮，弹出装载零部件窗口，在查找范围处单击下拉箭头，定位到零件所在的目录，框选所有零件，如图 3-1-6 所示，单击"打开"按钮，在装配窗口中的合适位置单击鼠标，放下所有零件，右击弹出快捷菜单，单击 ✓ 按钮，完成所有零件的载入（见图 3-1-7）。

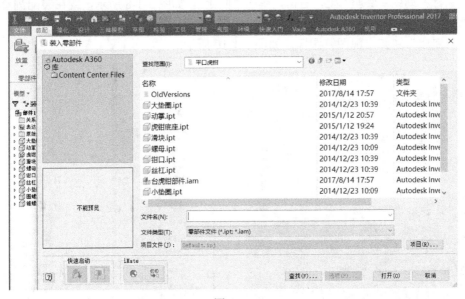

图 3-1-6

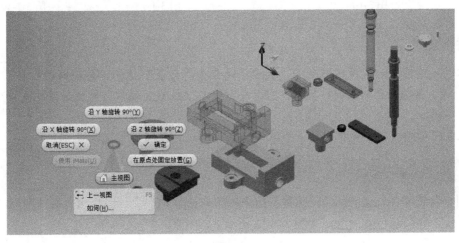

图 3-1-7

📋 **特别提示** ● ● ● ●

装配建模一般有三种方法：自下而上装配、自上而下装配和从中间装配。

自下而上装配：每个零部件都是在装配以外的环境设计完成后再装入装配中，即"先生产后装配"，如本任务。

自上而下装配：所有装配用的模型都是在关联装配环境中设计的，可以创建一个空装配，然后一直在装配环境中设计每个零部件，即"边生产边装配"。

从中间装配：介于自下而上装配和自上而下装配之间，如任务2。

Step4 设置固定零件。

将鼠标移动到"底座"上，右击，单击"固定"，如图 3-1-8 所示，或在装配浏览器上，单击"底座"，右击，单击"固定"，如图 3-1-9 所示，完成装配基础件固定，此时在装配浏览器"底座"左侧出现图钉图标，如图 3-1-10 所示。

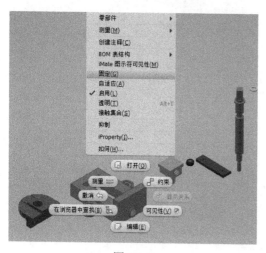

图 3-1-8

图 3-1-9

图 3-1-10

📋 **特别提示** ● ● ● ●

零件一旦固定后，将不能利用"装配"选项卡"位置"组的"自由移动" 🔧、"自由旋转" 🔧工具进行移动或旋转操作，若需要执行移动或旋转操作只能使用装配窗口右侧的视图操作工具。

在装配操作时，一般先固定一个零件，然后通过约束固定其他零件。

Step5 装配滑块。

调整安装零件位置。利用"位置"组中的"自由移动" 🔧、"自由旋转" 🔧工具，调整"滑块"到装配位置附近，如图 3-1-11 所示。（下同）

图 3-1-11

添加约束。

添加约束 1。单击"装配"选项卡"关系"组的"约束"按钮 🔳，弹出"放置约束"对话框，"类型"选择"配合" 🔳，"第一次选择"选择被安装件→"底座"侧面，"第二次选择"选择安装件→"滑块"侧面，"求解方法"选择"配合"，"偏移量"取 0，如图 3-1-12 所示，单击"应用"按钮，完成两侧面贴合装配约束关系。

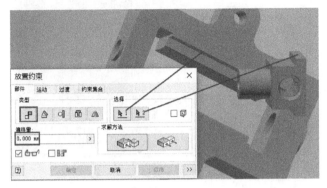

图 3-1-12

添加约束 2。不关闭"放置约束"对话框，"类型"选择"配合" 🔳，"第一次选择"选择被安装件→"底座"底面，"第二次选择"选择安装件→"滑块"上面，"求解方法"选择"配合"，"偏移量"取 0，如图 3-1-13 所示，单击"应用"按钮，完成滑块装配。由于"滑块"未完全约束，可通过鼠标做左右移动至合适位置，如图 3-1-14 所示。

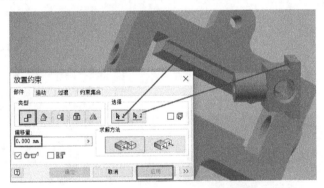

图 3-1-13

图 3-1-14

　　添加约束 3。不关闭"放置约束"对话框，"类型"选择"配合" 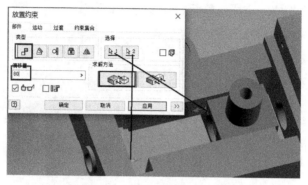，"第一次选择"选择被安装件→"底座"长度方向一个侧面，"第二次选择"选择安装件→"滑块"与"同向"一个侧面，"求解方法"选择"配合"，"偏移量"取 80，如图 3-1-15 所示，单击"应用"按钮，完成滑块完全约束装配。

图 3-1-15

✏️ **小技巧：**

　　当待装配的零件较多，为便于操作与观察，可先隐藏暂时除了固定件和即将安装零件以外的零件，方法是：先框选所有零件，在空白处右击，在弹出的快捷菜单中，勾选"可见性"如图 3-1-16 所示。或者在装配浏览器中选择需要隐藏的零件，右击，单击"可见性"，如图 3-1-17 所示。

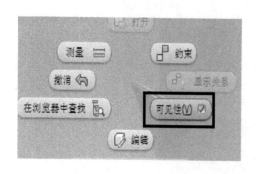

图 3-1-16

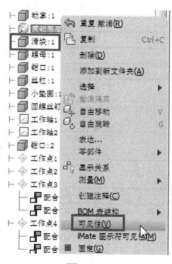

图 3-1-17

📋 **特别提示** ● ● ● ●

　　给零件添加约束，即限制零件的自由度。没有约束的零件共有 6 个自由度，即沿 X、Y、Z 轴 3 个方向移动自由度和 3 个绕 X、Y、Z 轴转动自由度。固定状态零件自由度为零。

一般情况，面接触限制 3 个自由度，轴共线也限制 3 个自由度。具体方法可参见《机械基础》。

若零件约束自由度数大于 6，软件就会显示出错信息。

Step6 装配大垫圈。

调整安装零件位置。利用"位置"工具，调整"大垫圈"到装配位置附近。

添加约束。

添加约束 1。单击"装配"选项卡"关系"组的"约束"按钮 ，弹出"放置约束"对话框，"类型"选择"配合" ，"第一次选择"选择被安装件→"底座"安装面，"第二次选择"选择安装件→"大垫圈"安装面，"求解方法"选择"配合"，"偏移量"取 0，如图 3-1-18 所示，单击"应用"按钮，完成两侧面贴合装配约束关系。

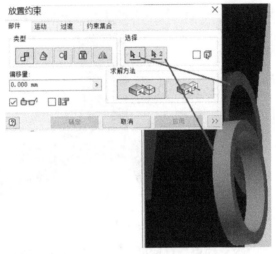

图 3-1-18

添加约束 2。不关闭"放置约束"对话框，"类型"选择"插入" ，"第一次选择"选择被安装件→"底座"安装面上圆弧，"第二次选择"选择安装件→"大垫圈"上与"底座"上接触圆弧，"求解方法"选择"配合"，"偏移量"取 0，如图 3-1-19 所示，单击"应用"按钮，完成"大垫圈"安装。

图 3-1-19

① 能否省去"添加约束 1"？

② "添加约束 2"中所选择的两个圆弧应该是装配接触圆弧，且与"偏移量"0 匹配；若不是装配接触圆弧，应修改"偏移量"大小，否则会出错。

Step7　装配丝杠。

调整安装零件位置。利用"位置"工具，调整"丝杠"到装配位置附近。

添加约束。

添加约束 1。单击"装配"选项卡"关系"组的"约束"按钮 🔲，弹出"放置约束"对话框，"类型"选择"配合" 🔲，"第一次选择"选择被安装件→"大垫圈"右端面，"第二次选择"选择安装件→"丝杠"连接端面，"求解方法"选择"配合"，"偏移量"取 0，如图 3-1-20 所示，单击"应用"按钮，完成两侧面贴合装配约束关系。

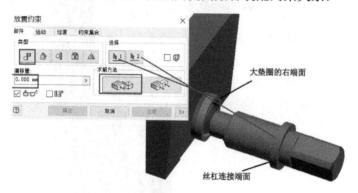

图 3-1-20

添加约束 2。不关闭"放置约束"对话框，"类型"选择"插入" 🔲，"第一次选择"选择被安装件→"大垫圈"右端面圆弧，"第二次选择"选择安装件→"丝杠"连接端面圆弧，"求解方法"选择"配合"，"偏移量"取 0，如图 3-1-21 所示，单击"应用"按钮，完成"丝杠"安装，如图 3-1-22 所示。

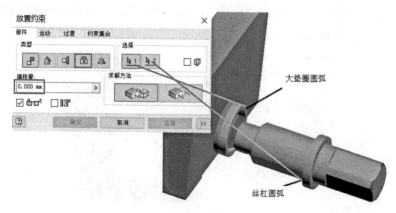

图 3-1-21

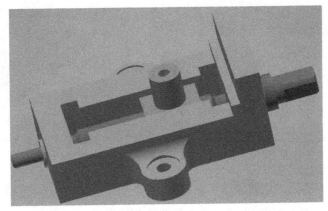

图 3-1-22

添加约束 3——定义丝杠与滑块运动的关系。不关闭"放置约束"对话框,选择"运动"选项卡,"类型"选择"转动-平动" 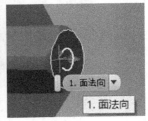 ,"第一次选择"选择被安装件→"螺杆"右端面,显示"面法向","第二次选择"选择安装件→"滑块"一边线,显示"边矢量","求解方法"选择"正向","距离"取 4mm,如图 3-1-23 所示,单击"应用"按钮,完成"丝杠"与"滑块"运动关系定义。

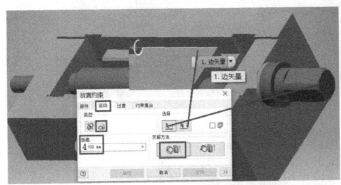

图 3-1-23

特别提示 ● ● ● ● ●

添加运动关系也是一种约束。在此处即限制螺杆转动速度和滑块之间严格传动比关系。类似还有齿轮与齿条、齿轮与齿轮之间的传动关系等。

Step8 装配动掌。

调整安装零件位置。利用"位置"工具,调整动掌到装配位置附近。

添加约束 1。单击"装配"选项卡"关系"组的"约束"按钮 ,弹出"放置约束"对话框,"类型"选择"配合" ,"第一次选择"选择被安装件→"动掌"孔下面圆弧,"第二次选择"选择安装件→"滑块"圆柱下面圆弧,"偏移量"取 0,如图 3-1-24 所示,单击"应用"按钮,完成两件贴合和同心约束关系。

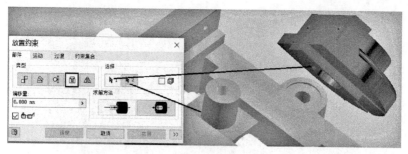

图 3-1-24

添加约束 2。不关闭"放置约束"对话框,"类型"选择"角度" △ ,"第一次选择"选择被安装件→"动掌"侧面,"第二次选择"选择安装件→"底座"钳口面,"求解方法"选择"定向角度","角度"取 180,如图 3-1-25 所示,单击"应用"按钮,完成"动掌"安装,如图 3-1-26 所示。

图 3-1-25

图 3-1-26

Step9 装配圆螺钉。

调整安装零件位置。利用"位置"工具,调整圆螺钉到装配位置附近。

添加约束。单击"装配"选项卡"关系"组的"约束"按钮 ,弹出"放置约束"对话框,"类型"选择"配合" ,"第一次选择"选择被安装件→"圆螺钉"台阶面,"第二次选择"选择安装件→"滑块"顶面,"偏移量"取 0,如图 3-1-27 所示,单击"应用"按钮,完成圆螺钉安装,如图 3-1-28 所示。

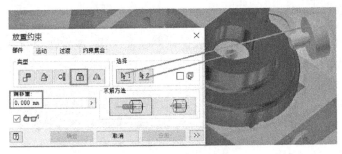

图 3-1-27   图 3-1-28

 特别提示 • • • •

> 给零件添加约束，不一定都要限制 6 个自由度，具体情况具体分析，如本步中圆螺钉只要限制 5 个自由度即可。

Step10 装配第一个钳口垫铁。

调整安装零件位置。利用"位置"工具，调整钳口垫铁到装配位置附近。

添加约束。单击"装配"选项卡"关系"组的"约束"按钮 ，弹出"放置约束"对话框，"类型"选择"配合" ，"第一次选择"选择被安装件→"钳口垫铁"安装孔圆弧，"第二次选择"选择安装件→"底座"对应安装孔圆弧，"偏移量"取 0，如图 3-1-29 所示，单击"应用"按钮，完成第一对孔同心约束。同样的方法，完成另外一对孔同心约束，钳口垫铁安装效果如图 3-1-30 所示。

图 3-1-29

图 3-1-30

Step11　装配第二个钳口垫铁。

复制钳口垫铁。在图形窗口单击钳口垫铁，右击，选择"复制"，如图 3-1-31 所示；在窗口空白处，右击，选择"粘贴"，完成钳口垫铁复制，如图 3-1-32 所示。

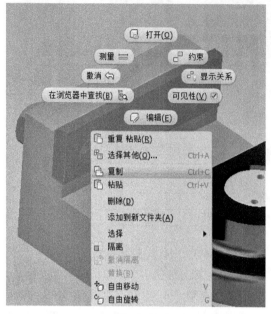

图 3-1-31　　　　　　　　　　　　　　　　　图 3-1-32

装配第二个钳口垫铁。安装方法与安装第一个钳口垫铁一样，安装后效果如图 3-1-33 所示。

图 3-1-33

📋 **特别提示** ● ● ● ● ●

当装配体中需要装配相同零件，有以下几种方法：
① "复制"零件，如本步骤。
② "阵列"零件，见 Step13。
③ "镜像"零件，见 Step15。
你理解了吗？

Step12　装配第一个沉头螺钉。

调整安装零件位置。利用"位置"工具，调整沉头螺钉到装配位置附近。

添加约束。单击"装配"选项卡"关系"组的"约束"按钮，弹出"放置约束"对话框，"类型"选择"配合"，"第一次选择"选择被安装件→"沉头螺钉"圆柱上一圆弧，"第二次选择"选择安装件→"钳口垫铁"对应安装孔圆弧，"偏移量"取 0，如图 3-1-34 所示，单击"应用"按钮，完成第一个沉头螺钉安装。

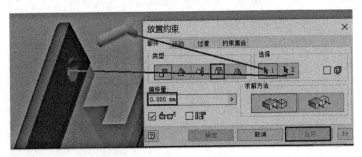

图 3-1-34

Step13　装配其余沉头螺钉。

测量螺钉孔间距离。单击"工具"选项卡"测量"组的"距离"按钮，依次选择两个螺钉孔圆柱面，在"最小距离"窗口中显示距离为 69mm，如图 3-1-35 所示，则两孔中心距离为 76mm（孔直径为 7mm）。完成距离测量。

阵列第二个沉头螺钉。单击"装配"选项卡"阵列"组的"阵列"按钮，弹出"阵列零部件"对话框，"零部件"选择阵列螺钉，"列"方向选择"钳口垫铁"长度边，"数量"填写 2，"距离"填写 76，"行"方向选择"钳口垫铁"宽度边，"数量"填写 1，"距离"默认，如图 3-1-36 所示，单击"确定"按钮，完成沉头螺钉阵列操作。

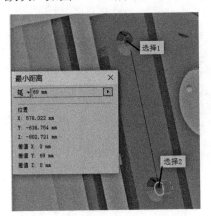

图 3-1-35

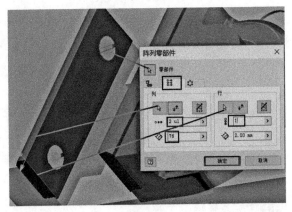

图 3-1-36

 注意：

阵列方向为箭头所指方向，可单击"方向"按钮，改变阵列方向。

复制和阵列第二块钳口垫铁上沉头螺钉。方法同前，从略。

Step14　装配小垫圈。

调整安装零件位置。利用"位置"工具，调整小垫圈到装配位置附近。

添加约束。单击"装配"选项卡"关系"组的"约束"按钮，弹出"放置约束"对话框，"类型"选择"配合"，"第一次选择"选择被安装件——"小垫圈"上一圆弧，"第二次选择"选择安装件——"底座"上对应安装圆弧，"偏移量"取0，如图3-1-37所示，单击"应用"按钮，完成小垫圈安装。

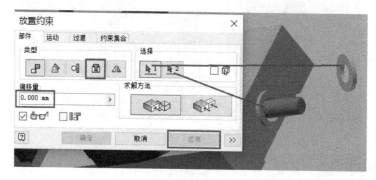

图3-1-37

Step15　装配第一个螺母。

调整安装零件位置。利用"位置"工具，调整螺母到装配位置附近。

添加约束。单击"装配"选项卡"关系"组的"约束"按钮，弹出"放置约束"对话框，"类型"选择"配合"，"第一次选择"选择被安装件——"螺母"上一圆弧，"第二次选择"选择安装件——"小垫圈"上对应安装圆弧，"偏移量"取0，如图3-1-38所示，单击"应用"按钮，完成螺母安装。

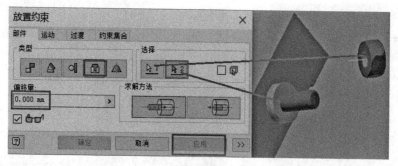

图3-1-38

Step16　装配第二个螺母。

单击"装配"选项卡"阵列"组的"镜像"按钮，弹出"镜像零部件：状态"对话框，"零部件"选择第一装配的"螺母"，"镜像平面"选择"螺母"的右端面，如图3-1-39所示，单击"下一步"，弹出"镜像零部件：文件名"，点选"插入到部件中"，如图3-1-40

所示，单击"确定"按钮，完成螺母镜像操作，装配效果如图 3-1-41 所示。

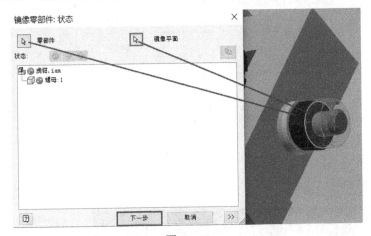

图 3-1-39

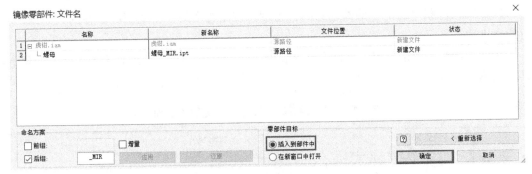

图 3-1-40

图 3-1-41

Step17 保存装配文件。

单击"保存"按钮 ，弹出"保存"对话框，单击"所有均是"，如图 3-1-42 所示，单击"确定"按钮，完成装配文件保存。

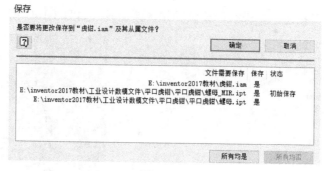

图 3-1-42

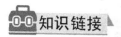 知识链接

知识点 1 "放置约束"对话框——"部件"选项卡

　　装配约束可删除选定零部件之间的自由度。应用约束后，自适应零部件的大小或形状可能会更改。

　　访问功能区：单击新建"部件"→"装配"→"约束" 🔲，然后单击"部件"选项卡，其说明见表 3-1-1。

表 3-1-1 "放置约束"对话框—"部件"选项卡

对话框	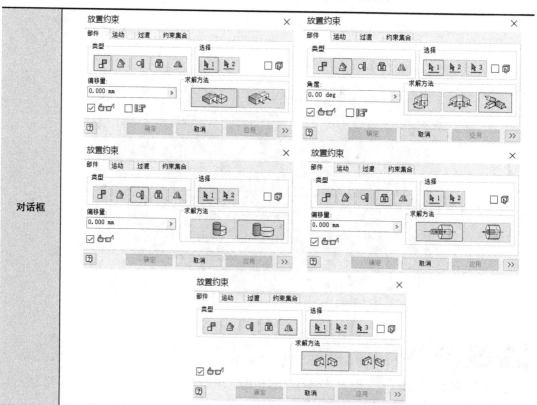

续表

类型和方式			配合约束，将选定面垂直放置，使面重合
			表面齐平约束，将零部件相邻对齐以使表面齐平。放置选定的面、曲线或点，使它们对齐，曲面法向指向同一方向
			方式始终应用右手规则
			可以定向（以解决在约束驱动过程中零部件反向的情况），也可以拖动
			通过向选择过程添加第三次选择来显式定义 Z 轴矢量（叉积）的方向。约束驱动或拖动时，减小约束的角度以切换至替换方式。该求解方案是默认的方案
			将在第二个选中零件内部的切点处放置第一个选中零件
			将在第二个选中零件外部的切点处放置第一个选中零件。外部相切是默认的方式
			反转第一个选定零部件的配合方向
			反转第二个选定零部件的配合方向
选择	1		"第一次选择"选择第一个零部件上的曲线、平面或点。若要结束第一次选择，请单击"第二次选择"或在图形窗口中单击第二个面。第一次选择的预览在图形窗口中显式为与选择按钮颜色栏相同的颜色
	2		"第二次选择"选择第二个零部件上的曲线、平面或点。第二次选择的预览在图形窗口中显式为与选择按钮颜色栏相同的颜色
	3		"第三次选择"可用于"显式参考矢量"角度约束。选择面、线性边、工作平面或工作轴。第三次选择的预览在图形窗口中显式为与选择按钮颜色栏相同的颜色
			"先拾取零件"将可选几何图元限制为单一零部件。在零部件相互靠近或部分相互遮挡时使用。清除复选框将恢复选择模式
预计偏移量和方向			如果选定的零部件法线（由方向箭头指明）指向同一个方向，则将类推表面齐平约束，并测量它们之间的偏移
			如果所选零部件的法线方向相对，则类推一个配合约束

知识点 2 "放置约束"对话框——"运动"选项卡

运动约束用于指定零部件之间的预定运动。因为它们只在剩余自由度上运转，所以不会与位置约束冲突、不会调整自适应零件的大小或移动固定零部件。

访问功能区：单击新建"部件"→"装配"面板→"约束"，再单击"运动"选项卡，其说明见表 3-1-2。

表 3-1-2　"放置约束"对话框—"运动"选项卡

对话框		放置约束 ✕ 部件　**运动**　过渡　约束集合 类型　　　　　　　　　　选择 🔧 ⚙ 传动比　　　　　　　　　求解方法 1.000 ul　　　> ❓　　确定　　取消　　应用　　>>
类型方式	🔧	"转动"约束指定了选择的第一个零件按指定传动比相对于另一个零件转动。通常用于轴承、齿轮和传动带轮
	📷	"转动/平动"约束指定了选择的第一个零件按指定距离相对于另一个零件的平动而转动。通常用于显示平面运动,例如齿条和小齿轮
选择	↖1	"第一次选择"选择第一个零部件。选择平面以指定传动比或距离。选择圆柱面以计算传动比或距离。选择的预览在图形窗口中显示为红色。若要结束第一次选择,请单击"第二次选择"
	↖2	"第二次选择"选择第二个零部件。在转动零部件上选择圆柱面,或在平动零部件上选择线性边,以计算传动比或距离。将在图形窗口中以绿色预览选择的第二个零部件。若要为第一个零部件选择其他几何图元,请单击"第一次选择",并重新选择
	🔲	"先拾取零件"将可选几何图元限制为单一零部件。在零部件相互靠近或部分相互遮挡时使用。清除复选框将恢复选择模式
传动比与距离	传动比	对于"转动"约束,传动比指定当第一个选择旋转时,第二个选择旋转了多少。例如,对 4.0 (4:1)的值,第一个选择每旋转一个单位,第二个选择旋转四个单位。对 0.25(1:4)的值,第一个选择每旋转四个单位,第二个选择旋转一个单位。默认值为 1.0(1:1)。如果选择了两个柱面,Autodesk Inventor 将按照这两个柱面的半径计算并显示默认的传动比
	距离	对于"转动—平动"约束,距离指定相对于第一个选择的一次转动,第二个选择平移了多少。例如,对 4.0mm 的值,第一个选择每旋转一周,第二个选择移动 4.0mm。如果第一个选择是柱面,Autodesk Inventor 将计算第一个选择的周长,并将其显示为默认距离

知识点 **3** "放置约束"对话框——"过渡"选项卡

　　过渡约束指定了(典型的是)圆柱形零件面和另一个零件的一系列邻近面之间的预定关系,例如插槽中的凸轮。当零部件沿着开放的自由度滑动时,过渡约束会保持面与面之间的接触。

　　访问功能区:单击新建"部件"→"装配"→"约束" ⬛ ,再单击"过渡"选项卡,其说明见表 3-1-3。

表 3-1-3　"放置约束"对话框—"过渡"选项卡

对话框		
选择	🔍1	"第一次选择（移动面）"选择第一个零部件
	🔍2	"第二次选择（过渡面）"选择第二个零部件。若要为第一个零部件选择其他几何图元，请单击"第一次选择"，然后重新选择
	⬓	"先拾取零件"将可选几何图元限制为单一零部件。在零部件相互靠近或部分相互遮挡时使用。清除该复选框可以恢复特征优先选择模式

课后练习

创建虎钳零件图（见图 3-1-43），再完成装配（见图 3-1-44）。

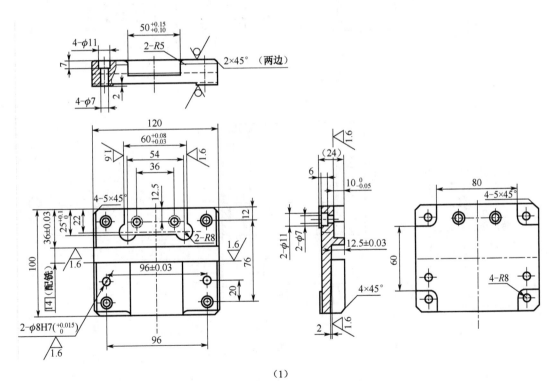

（1）

图 3-1-43

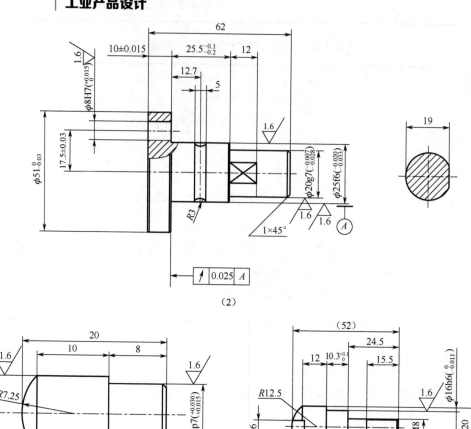

（2）

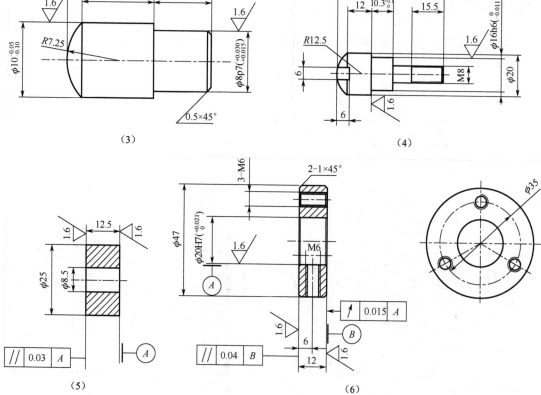

（3）　　　　　　　　　　　　　　（4）

（5）　　　　　　　　　　　　　　（6）

图 3-1-43（续）

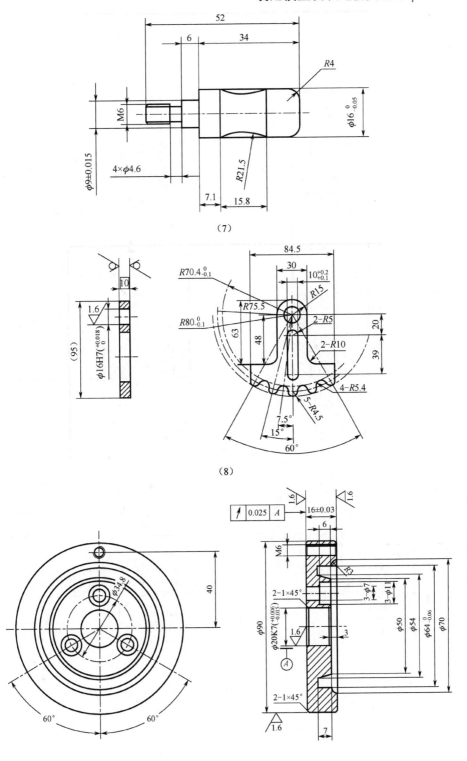

（7）

（8）

（9）

图 3-1-43（续）

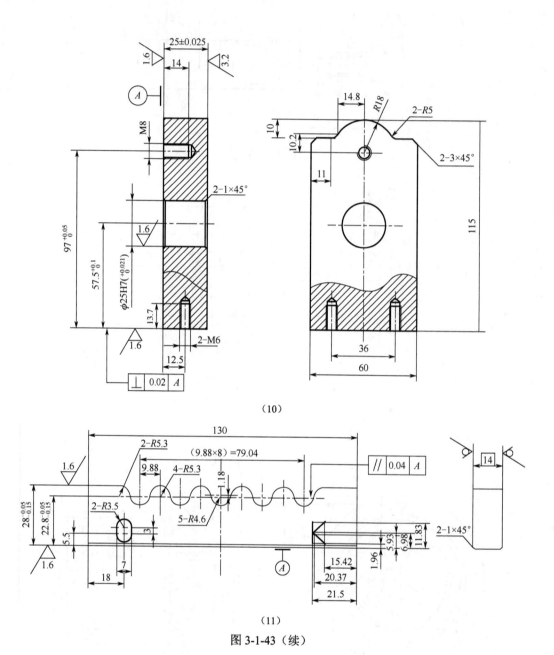

（10）

（11）

图 3-1-43（续）

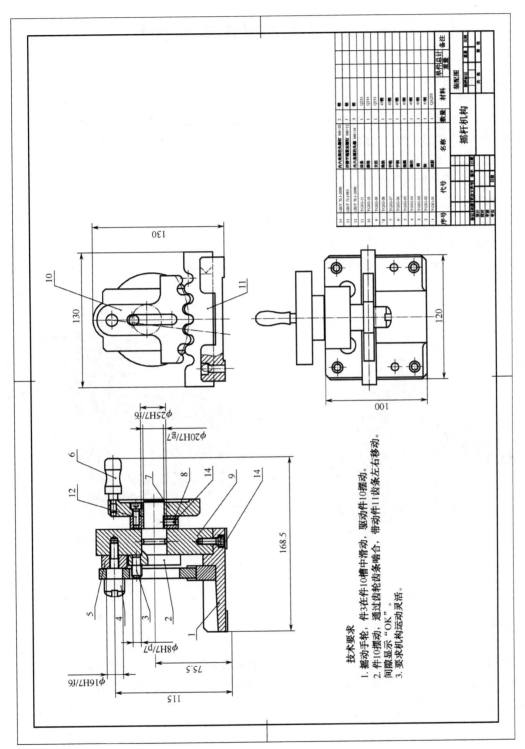

技术要求
1. 摇动手轮，件3在件10槽中滑动，驱动件10摆动。
2. 件10摆动，通过齿轮齿条啮合，带动件11齿条左右移动。
间隙显示"OK"。
3. 要求机构运动灵活。

图 3-1-44

序号	代号	名称	数量	材料	备注
14	GB/T 70.1-2000	内六角圆柱头螺钉 M6×20	2	钢	
13	GB/T 73-1985	开槽平端紧定螺钉 M6×12	1	钢	
12	YGBJ-11	内六角圆柱头螺钉 M6×16	3	钢	
11	YGBJ-10	齿条		Q235	
10	YGBJ-09	齿轮		Q235	
9	YGBJ-08	立柱		45钢	
8	YGBJ-07	垫片	1	45钢	
7	YGBJ-06	螺母	1	45钢	
6	YGBJ-05	手柄	1	45钢	
5	YGBJ-04	轴	1	45钢	
4	YGBJ-03	压盖	1	45钢	
3	YGBJ-02	摇臂	1	Q235	
2	YGBJ-01	底座	1	45钢	
1					

摇杆机构

装配图

任务 3.2　油烟机装配模型创建

任务描述

油烟机（见图 3-2-1）是厨房必备的电器，可以吸净烹饪时产生的油烟，保持厨房的干净整洁，同时油烟的减少有利于身体健康。家用抽油烟机不仅能很好完成功能性的作用，还应具备融合现代厨房格局的装饰概念。通过对油烟机的装配应达到以下目标：

1．强化利用"位置"工具，"约束"工具，正确快速放置零件至装配体中。

2．熟悉"自上而下"装配方法。

3．熟悉使用复制、阵列、镜像等命令装配零件。

4．熟悉软件"资源中心"，正确使用资源。

5．能准确验证装配是否正确、零部件之间是否存在干涉。

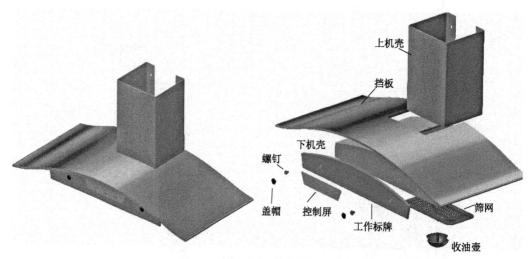

图 3-2-1　油烟机

任务分析

油烟机主要由上机壳、收油壶、筛网、挡板及下机壳组成。本节我们按照首先装配下机壳和工作标牌，然后装配内六角螺钉、盖帽、控制屏、筛网和收油壶、挡板，最后装配上机壳和螺钉的步骤进行（见图 3-2-2）。

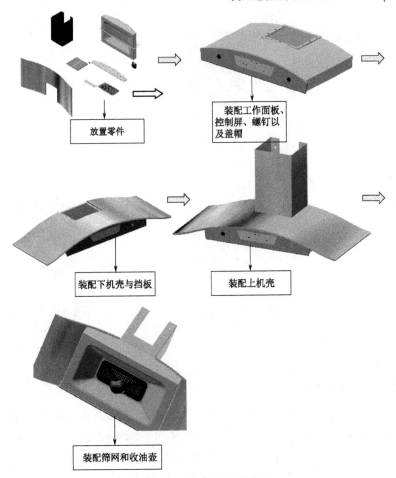

图 3-2-2　油烟机装配流程图

放置零件

装配工作面板、控制屏、螺钉以及盖帽

装配下机壳与挡板

装配上机壳

装配筛网和收油壶

🎨 **任务实施**

Step1 先建好部分零件模型，存入指定的目录中。

Step2 新建文件。

运行 Inventor 2017，单击"新建"按钮后，如图 3-2-3 所示，选择"Standard.iam"，或者在快速访问工具栏上，单击"新建"命令旁的下拉箭头，选择"部件"模板，如图 3-2-4 所示，进入模型创建环境，单击"创建"按钮，打开装配界面。

📋 **特别提示** • • • • •

装配模型的文件名格式是：*.iam;
零件模型的文件名格式是：*.ipt;（前面已经介绍）
表达视图的文件名格式是：*.ipn;（后面将介绍）
工程图的文件名格式是：*.idw 或*.dwg;（后面将介绍）
你一定要记住它们！

图 3-2-3   图 3-2-4

Step3 载入零件。

单击"放置"按钮 ，弹出"装入零部件"对话框，在查找范围处单击下拉箭头"▼"，定位到零件所在的目录，按住【Ctrl】键依次选择多个零件或者框选所有零件，单击"打开"，如图 3-2-5 所示。在装配窗口的适当位置单击，放下所有零件，右击弹出快捷菜单，如图 3-2-6 所示，单击"确定"按钮，完成零部件的载入。

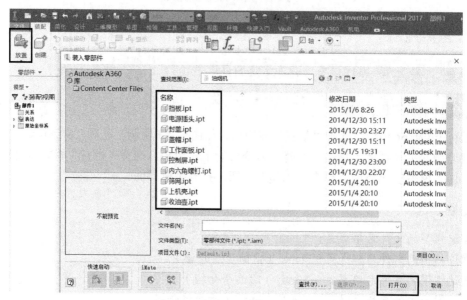

图 3-2-5

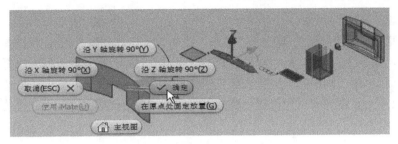

图 3-2-6

📋 **特别提示** ● ● ● ●

> 将零部件载入到装配环境，也可以逐一载入，即载入一个装配一个。当装配件组成零部件数量较多时，建议采用这种方法。

Step4 设定基础装配件。

将鼠标移到下机壳零件上面，右击"固定"，如图 3-2-7 所示，完成基础装配件设定。此时在装配浏览器的下机壳前出现一个固定图钉图标，如图 3-2-8 所示，且当光标移动至基础装配件时，也会显示固定图钉。

图 3-2-7

图 3-2-8

Step5 装配工作标牌。

移动待装配零件至装配位置附近。选择窗口中工作标牌零件，按住鼠标左键不松开，拖动工作标牌到安装位置附近，如图 3-2-9 所示。

📋 **特别提示** ● ● ● ●

> 移动待装配零件至安装位置，可以使用"装配"选项卡"位置"组中的移动自由 和自由旋转 两个工具，将待装配零件比较精确地调整至最合适的位置。

图 3-2-9

添加装配"约束"关系。

添加约束 1。在"装配"选项卡"关系"组中，单击"约束"按钮，弹出"放置约束"对话框，如图 3-2-10 所示，"类型"选择"配合"，"第一次选择"选择被安装件——下壳体安装面，"第二次选择"选择安装件——工作标牌安装面，"求解方法"选择"配合"，"偏移量"取 0，单击"应用"按钮，完成两者面贴合装配约束关系。"放置约束"对话框不关闭。

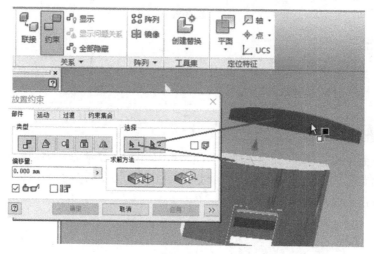

图 3-2-10

添加约束 2。"类型"选择"插入"，"第一次选择"选择被安装件——下壳体小孔外侧轮廓线，"第二次选择"选择安装件——工作标牌对应的小孔内侧轮廓线，"偏移量"取 0，单击"应用"按钮，完成两孔共线装配约束关系，如图 3-2-11 所示。"放置约束"对话框不关闭。同样的方法，选择另外两对应孔的轮廓线，单击"确定"按钮，完成两零件的装配，结果如图 3-2-12 所示。

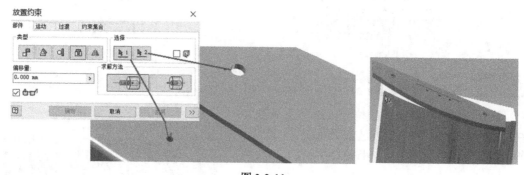

图 3-2-11

✎ **小技巧**：

当装配结果为非所要求的结果时，可在求解方法的"配合"和"表面平齐"两选项间切换，或"对齐"和"反向"。

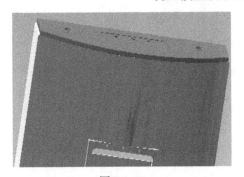

图 3-2-12

Step6 装配内六角螺钉。

调整安装零件位置。由于螺钉较小，可先将内六角螺钉调整到如图 3-2-13 所示的状态。

图 3-2-13

添加约束。单击"约束"，"类型"选择"插入" 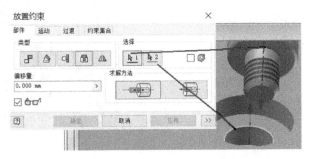，弹出"放置约束"对话框，如图 3-2-14 所示，"第一次选择"选择被安装件—工作标牌小孔轮廓线，"第二次选择"选择安装件—螺钉对应的轴轮廓线，"偏移量"取 0，单击"应用"按钮，完成一个内六角螺钉与工作面板的装配。

图 3-2-14

复制零件。单击"阵列"组"复制"按钮 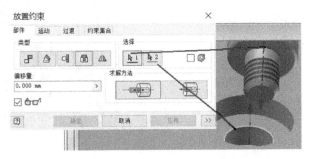，弹出"复制零件：状态"对话框，点选浏览器中"内六角螺钉 1"，如图 3-2-15 所示，单击"下一步"，弹出图 3-2-16 对话框，"零件目标"选择"插入到部件中"，单击"确定"按钮，在装配窗口中单击，完成零件的复制，此时在浏览器中新增一个零件"内六角螺钉 CPY：1"，如图 3-2-17 所示。

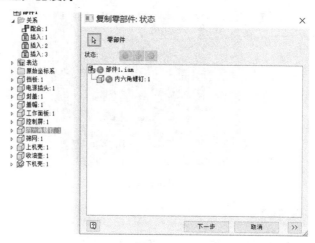

图 3-2-15

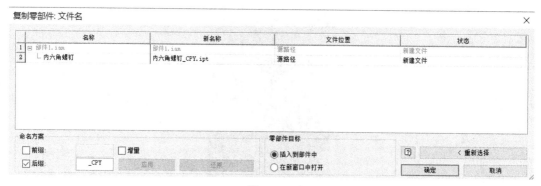

图 3-2-16

安装复制零件。安装方法同被复制零件，从略，效果如图 3-2-18 所示。

图 3-2-17

图 3-2-18

 注意：

在实际操作时，按图 3-2-14 所示选择零件端线，系统会感应出红色的线，单击则选择此线，颜色变绿，同时应注意鼠标指示形状的变化。

Step7 装配螺钉盖帽。

按照内六角螺钉装配方法，同样利用"插入"  功能实现两盖帽的装配，如图 3-2-19 所示。

图 3-2-19

Step8 装配控制屏。

调整安装零件位置。利用"位置"工具，调整控制屏到装配位置附近。

添加约束。单击菜单栏中的"约束" ，"类型"选择"配合" ，"第一次选择" 选择被安件——工作标牌上安装面，"第二次选择"选择安件——控制屏上对应的安装面，"求解方法"选择"配合"，"偏移量"取 0，单击"应用"按钮，完成两面贴合约束关系，如图 3-2-20 所示。同样的方法完成控制屏的两侧面与控制面板约束关系。控制屏安装效果，如图 3-2-21 所示。

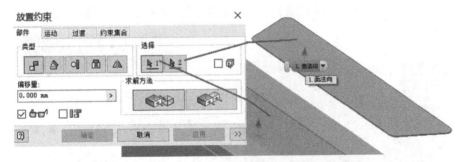

图 3-2-20

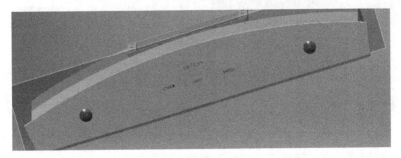

图 3-2-21

Step9 装配挡板。

调整安装零件位置。利用"位置"工具，调整控制屏到装配位置附近。

添加约束。

添加约束1。单击菜单栏中的"约束" 🔲，"类型"选择"配合" 🔲，"第一次选择"选择被安件—下壳体的侧面，"第二次选择"选择安件—挡板的侧面，"求解方法"选择"表面平齐"，"偏移量"取0，单击"应用"按钮，完成两面对齐约束关系，如图 3-2-22 所示。

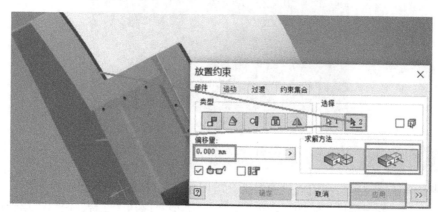

图 3-2-22

添加约束2。单击菜单栏中的"约束" 🔲，"类型"选择"配合" 🔲，"第一次选择"选择被安件—下壳体的侧边，"第二次选择"选择安件—挡板的对应侧边，"求解方法"选择"配合"，"偏移量"取0，单击"应用"按钮，完成两侧边配合约束关系，如图 3-2-23 所示。同样方法完成相对的侧边配合约束关系，装配后效果如图 3-2-24 所示。

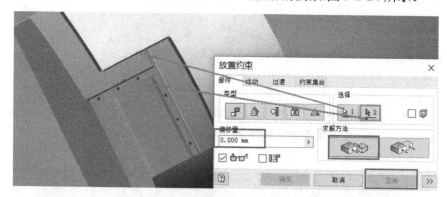

图 3-2-23

Step10 保存文件，输入文件名：油烟机。

Step11 创建新零件上机壳。

新建上机壳模型文件。单击"装配"选项卡"零部件"组的"创建"按钮 🔲，弹出"创建在位零件"对话框，在"新零部件名称"中输入"上机壳"，如图 3-2-25 所示，单击"确定"按钮，选择平面，进入"上机壳"零件创建环境。此时，装配浏览器上只有"上机壳"高亮，其他零件显示阴影，如图 3-2-26 所示，而且图形窗口中的所有已装配零件也变暗。

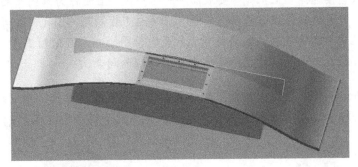

图 3-2-24

图 3-2-25

图 3-2-26

创建上机壳。

（1）绘制上机壳的草图 1。选择 *XY* 平面，进入草图绘图环境，绘制如图 3-2-27 所示的图形，厚度 2mm，圆弧半径 *R*1630，单击"完成草图"按钮，退出草图。

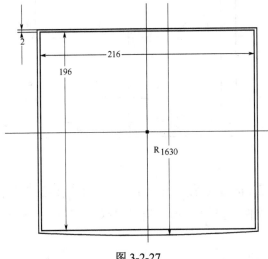

图 3-2-27

✎ **小技巧:**

这里也可以直接选择"上机壳"安装面——"挡板"上面作为草图平面,并建立草图。这样做好处是:实现边零件建模边安装零件,且通过"投影几何图元"工具,建立"挡板"和"上机壳"之间的尺寸关联,也简化"上机壳"草图绘制,避免错误。

这种方法特别适合于两零件之间有多个螺栓连接的场合。

(2)拉伸外壳实体。单击"拉伸"按钮 ,"截面轮廓"选择刚刚创建的草图中的截面轮廓,拉伸距离350mm,其他选择如图3-2-28所示,完成外壳实体的创建。

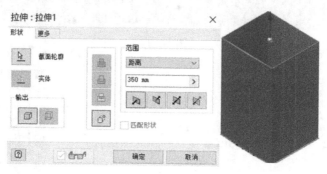

图 3-2-28

(3)创建外壳实体与圆弧挡板的连接部分。

创建草图2。单击"创建二维草图"按钮 ,选择外壳实体底面,进入草图绘图环境,绘制如图3-2-29所示的图形,单击"完成草图"按钮 ,退出草图。

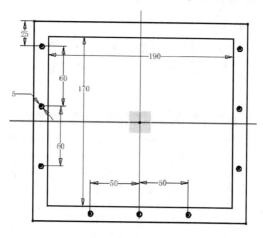

图 3-2-29

拉伸外壳实体与圆弧挡板的连接部分。单击"拉伸"按钮 ,截面轮廓选择刚刚创建的草图中的截面轮廓,拉伸距离10mm,其他选择如图3-2-30所示,完成外壳实体与圆弧挡板的连接部分的创建。

(4)修剪外壳实体后面板。

创建草图3。单击"创建二维草图"按钮 ,选择外壳实体后面板,进入草图绘图环境，绘制如图 3-2-31 所示的图形，单击"完成草图"按钮✔，退出草图。

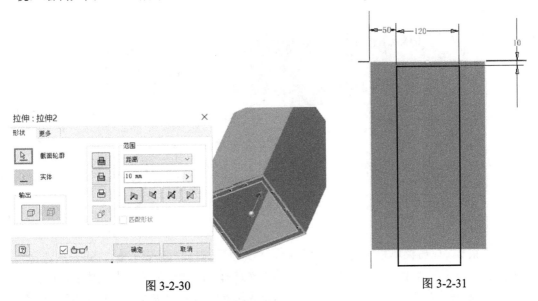

图 3-2-30   图 3-2-31

（5）拉伸修剪外壳实体后面板。单击"拉伸"按钮，截面轮廓选择刚刚创建的草图中的截面轮廓，其他选择如图 3-2-32 所示，完成外壳实体后面板的修剪。结果如图 3-2-33 所示。

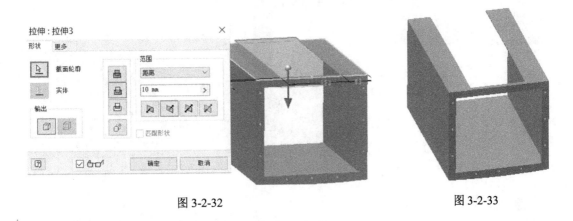

图 3-2-32   图 3-2-33

Step12 返回装配环境

单击右上角的"返回"按钮 ←◯ ，回到装配环境中。

Step13 装配上机壳。

调整安装零件位置。利用"位置"工具，调整上机壳到装配位置附近。

添加约束。

添加约束 1。单击菜单栏中的"约束" ，"类型"选择"配合" ，"第一次选择"选择被安装件—下壳体的上安装面，"第二次选择"选择安装件—上壳体的下安装面，"求解方法"选择"配合","偏移量"取 0，单击"应用"按钮，完成两面配合约束关系，如图 3-2-34 所示。

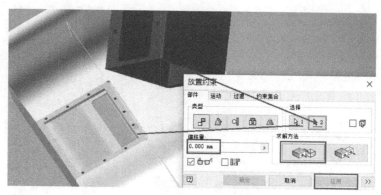

图 3-2-34

添加约束 2。单击菜单栏中的"约束" ，"类型"选择"插入" ，"第一次选择"选择被安装件—下壳体上一个安装孔上边，"第二次选择"选择安装件—上壳体上对应安装孔下边，"偏移量"取 0，单击"应用"按钮，完成两孔配合约束关系，如图 3-2-35 所示。同样的方法，选择上壳体和下壳体另外一对安装孔添加配合约束关系，单击"应用"按钮，完成上下壳体装配，如图 3-2-36 所示。

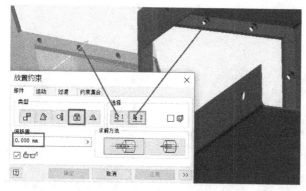

图 3-2-35

图 3-2-36

 特别提示 ● ● ● ●

此处"上机壳"的装配方法采用的就是"自上而下装配"。

Step14 装配机壳主体下部和上盖的螺钉。

加载螺钉。单击"放置"下的"▼"，选择"从资源中心装入"如图 3-2-37 所示，弹出"从资源中心放置"窗口，按照图 3-2-38 提示操作，选择"螺钉 GB/T 822—2000H"，此时 Inventor 2017 自动转到装配窗口，同时光标会变成如图 3-2-39 所示样式，将光标移到上机壳阶梯孔的小孔处，软件会自动捕捉到小孔的上表面，此时边线以红色高亮显示，单击选择此线，线变绿，弹出菜单，按图 3-2-40 所示操作。

图 3-2-37

图 3-2-38

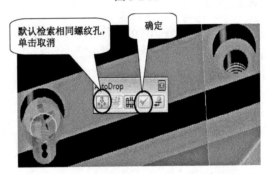

图 3-2-39

图 3-2-40

　　软件会自动选择一个型号的螺栓默认为 M6×8，单击"✔"按钮，会自动安装 9 个螺栓，采用"视图"中的"1/4 剖视图"，结果如图 3-2-41 所示，可以看到螺栓偏短，在"装配视图"中，右击任意一个螺钉，选择"更改尺寸"，如图 3-2-42 所示，在弹出的对话框中选 M6×12，务必勾选"全部替换"，如图 3-2-43 所示，单击"确定"按钮，结果如图 3-2-44 所示。

图 3-2-41

图 3-2-42

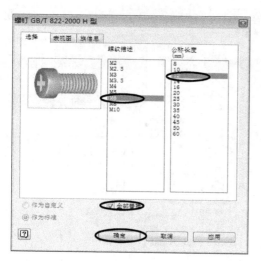

图 3-2-43

图 3-2-44

 特别提示 ● ● ● ●

> "资源中心"是 Inventor 软件的一个特色,方便用户快速获得所需要的标准件。
>
> "资源中心"提供资源主要有:
>
> ① 钣金;
>
> ② 电缆与线束;
>
> ③ 管件与管材;
>
> ④ 结构型材;
>
> ⑤ 紧固件;
>
> ⑥ 模具零件;
>
> ⑦ 轴用零件
>
> 记住,要学会使用它。

小技巧:

> 为了观察装配情况,除了使用放大、旋转等工具外,还可在"视图"选项卡"外观"组中,单击"1/4 剖视图" ▣,或"3/4 剖视图" ▦,或"半剖视图" ▦,或"全剖视图" ▦等视图观察工具,观察装配件内部情况。操作方法是:选择视图观察工具→在模型上选择一个参考面→确定剖切面距离参考面距离、方向,即可观察内部结构。

Step15 装配筛网。

在装配视图中,单击下机壳前的"▷",如图 3-2-45 所示,单击"原始坐标系",在 YZ 平面上右击鼠标,选择"可见性",采用同样方法,将筛网的 XY 平面、XZ 平面均设为可见。在装配视图中,双击下机壳,进入模型编辑环境,利用工作平面的"在两个平面之间的中间面"创建工作平面 3,单击屏幕右上角"返回"按钮,回到装配环节如图 3-2-46 所示,用配合功能,先把下机壳 YZ 平面与筛网的 XY 平面贴合,然后贴合下机壳的工作平面 3 与筛网的 XZ 平面，最后贴合筛网与下机壳部对应面，结果如图 3-2-47 所示。

图 3-2-45

图 3-2-46

特别提示 • • • •

对于某些薄壁零件和微小平面的装配，由于结构的特殊性，易造成装配困难，此时建立或者显示其对称平面，会使零件装配变得简洁。

也就是说，当零件上没有合适面或线作为约束对象时，可以将在零件上创建的基准要素（如，基准面、基准轴）作为零件约束对象。

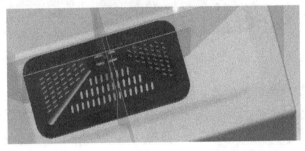

图 3-2-47

 注意：

在装配过程中，当用到自由移动和自由转动时，会退出约束功能，需要重启约束功能，请你多多体会。

Step16 装配收油壶。

显示收油壶的 XY、YZ 平面，先利用"配合" 功能，将两零件的轴线重合，单击"确定"按钮，关闭"放置约束窗口"将收油盘和筛网调整到如图 3-2-48 所示便于观察的位置，从图中可以看出把 A 面和 B 面配合，同时将收油盘转动 90°，即可达到把收油盘卡在筛网的目的，单击"应用"按钮，A、B 两面贴合操作如图 3-2-49 所示，注意图中箭头所指示的面。

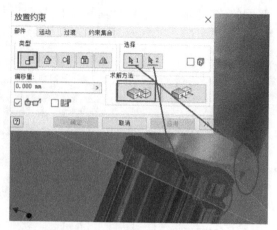

图 3-2-48 　　　　　　　　　　　　　　　　图 3-2-49

　　继续选择"角度"，选择两面，"角度"输入-90°，"求解方法"选择"定向角度"，单击"确定"按钮，完成收油壶的装配，如图 3-2-50 所示。

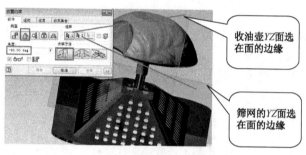

图 3-2-50

图 3-2-51

小技巧：

　　为了便于装配和观察，可以把不相关的零件隐藏，比如下机壳、挡板等。

Step17 验证装配是否正确、是否存在干涉。

　　为了验证步骤 17 的装配是否正确，第一步拖动收油盘，由于机壳主体下部固定，因此以它为基础的装配体应该不能直接拖动，用鼠标直接拖动收油盘确实不可动；第二步验证两者的干涉，操作步骤如图 3-2-51 所示，可见，这两者的装配是正确的。单击"确定"按钮后，会弹出一个报告窗口，如无干涉，则报告"没有检测到干涉"，如有干涉，则报告有干涉，同时给出两者重合的体积。

✎ **小技巧:**

若输入 90°检测，也不会报警，可在显示模式中，选择"线框"方式显示，可通过输入 45°，90°，−45°，−90°，观察两零件的装配结果。

Step18 设置外观。

设置视图样式。单击"视图"选项卡"视图样式" 🖱 下拉菜单，如图 3-2-52 所示，选择"着色"。

设置地平面。勾选"视图"选项卡"地平面" 🖱，单击"设置"，弹出"地平面设置"对话框，如图 3-2-53 所示，手动调整平面大小，设置"平面颜色""网格显示"，单击"确定"按钮。

设置阴影。勾选"视图"选项卡"阴影" 🖱 下拉菜单中"地面阴影"，单击"设置"，弹出"样式和标准编辑器"对话框，如图 3-2-54 所示，设置"右转 45 度"光源方向，单击"保存并关闭"按钮。

设置反射。勾选"视图"选项卡"反射" 🖱，单击"设置"，弹出"地平面设置"对话框，如图 3-2-53 所示，调节"反射"滑动条至满意效果，单击"确定"按钮。外观设置效果如图 3-2-55 所示。

图 3-2-52

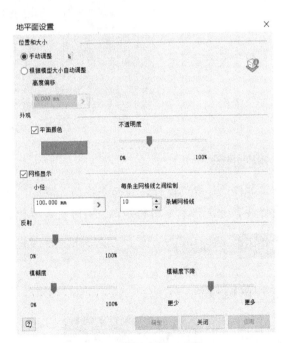

图 3-2-53

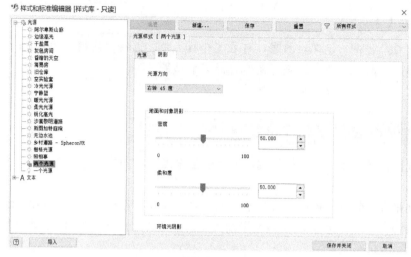

图 3-2-54

图 3-2-55

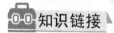 **特别提示** ● ● ● ●

零部件"外观"设计与前面介绍的"渲染"设计等本质上是一个艺术创作过程，因此，需要你具有一定艺术方面的知识，同时更需要你在"设置"时反复比较，以获得最佳效果。

Step19 保存文件。

知识链接

知识点 1 "干涉检查"对话框

对选定零部件进行干涉检查。如果检查到干涉，将临时显示体积。如果没有检查到干涉将显示一条相应的消息。

访问功能区：在"检查"选项卡上单击"干涉检查" ，该对话框说明见表 3-2-1。

表 3-2-1 "干涉检查"对话框

对话框		
定义选择集	选择集 1	检查对象 1
	选择集 1	检查对象 2
检查结果	有干涉显示	
	无干涉显示	

课后练习

家庭液晶显示产品创新设计:创建其主要零部件模型,并完成产品装配设计(台式结构,尺寸自定,至少包括 10 个零部件)。

任务 3.3 平口虎钳的表达视图创建

任务描述

在传统设计中,机器装配过程是比较难以表达的。Inventor 的"表达视图"正是解决这种装配过程表达的有效工具。实际上"表达视图"精确的名称应是"装配分解模型"。本次任务以在任务 1 中的平口虎钳(见图 3-3-1)为例,创建平口钳的"装配分解模型",并达到以下目标:

1. 熟悉表达视图创建环境,了解表达视图的功能。

图 3-3-1 平口虎钳

2. 熟练掌握创建表达视图的方法。

3. 能够正确按照装配的先后顺序调整零部件的位置。

4．能够理解并掌握动画的制作方法。

5．输出生成表达视图文件、动画文件等。

任务分析

按照工厂拆装零件的顺序，我们先拆分钳口、螺钉和圆螺钉，然后拆分滑块、丝杠、活动钳口等。（见图3-3-2）

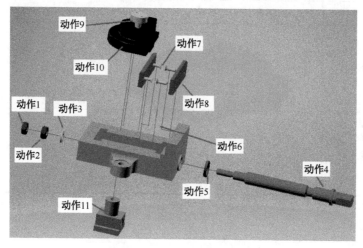

图 3-3-2　平口虎钳分解流程

任务实施

Step1　新建文件。

单击"新建"按钮 , 在弹出的对话框中选择模型创建模块"Standard.ipn" ![], 单击"创建"按钮（见图 3-3-3），或者在快速访问工具栏上，单击"新建"命令旁边的下拉箭头，选择"表达视图"模板（见图 3-3-4），进入表达视图环境，如图 3-3-5 所示。

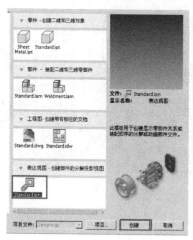

图 3-3-3

图 3-3-4

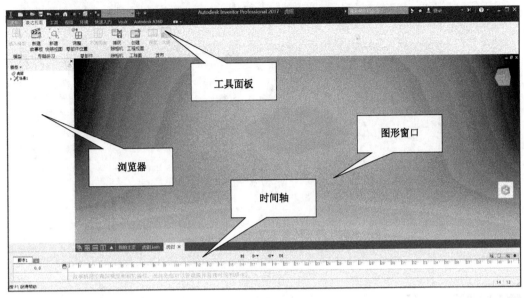

图 3-3-5

Step2 载入装配部件。

单击"表达视图"选项卡"插入模型"按钮 ，弹出"插入"对话框，如图 3-3-6 所示，选择所需装配部件，单击"确定"按钮，完成装配部件载入，如图 3-3-7 所示。

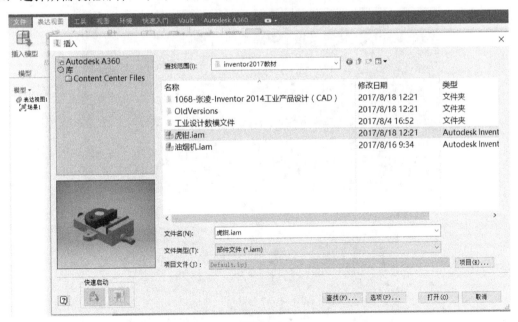

图 3-3-6

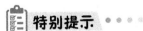 **特别提示** ● ● ● ●

表达视图装配部件载入部件方法和装配模型创建零件载入方法相似。

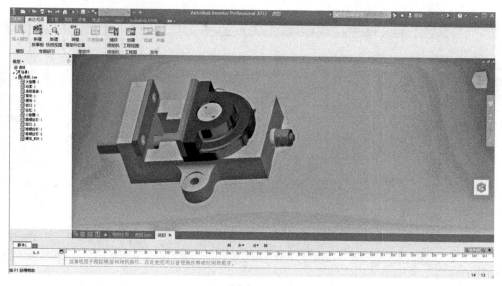

图 3-3-7

Step3 调整"螺杆"位置。

移动位置调整。单击"表达视图"选项卡"调整零部件位置"按钮，如图 3-3-8 所示。选择调整对象"螺杆"，选择"移动"，在模型上显示 X、Y、Z 3 个移动轴，单击变换方向 X 轴，输入距离 300，单击 ✓ 按钮，完成"螺杆"移动位置调整，如图 3-3-9 所示。

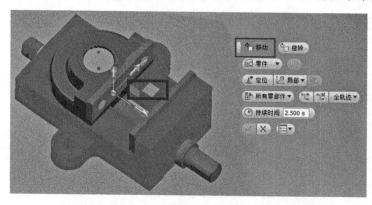

图 3-3-8

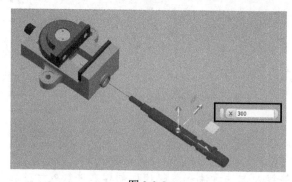

图 3-3-9

旋转位置调整。单击"表达视图"选项卡"调整零部件位置"按钮 ，如图 3-3-10 所示。选择调整对象"螺杆"，选择"旋转"，在模型上显示绕 X、Y、Z 3 个旋转轴，单击变换方向绕 X 轴，输入角度 720，单击 ✓ 按钮，完成"螺杆"旋转位置调整。

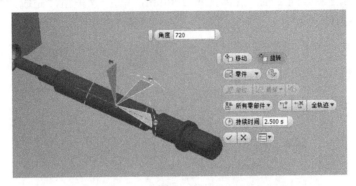

图 3-3-10

📋 注意：

① 注意坐标系类型，并按照坐标轴来确定移动方向。

② 也可直接拖动零件到合适的位置。

📋 特别提示 ● ● ● ●

调整一个零部件，可以选择在一些方向移动或者旋转零部件，对于装配定位来说，当调整零部件完成后，可以显示零部件从装配位置到当前位置的轨迹。通过轨迹可以清晰地知道零部件在分解位置或装配位置的过程路径。

Step4 调整"大垫圈"位置。

单击"表达视图"选项卡"调整零部件位置"按钮 ，选择调整对象"大垫圈"，选择"移动"，单击变换方向 X 轴，输入距离 50mm，单击 ✓ 按钮，完成"大垫圈"位置调整，如图 3-3-11 所示。

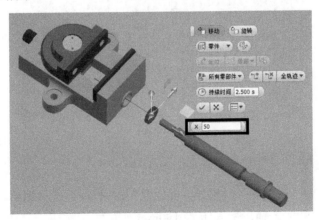

图 3-3-11

Step5 调整"圆螺钉"移动位置。

单击"表达视图"选项卡"调整零部件位置"按钮，选择调整对象"圆螺钉"，选择"移动"，单击变换方向 Z 轴，输入距离 200mm，单击 ✓ 按钮，完成"圆螺钉"移动位置调整，如图 3-3-12 所示。

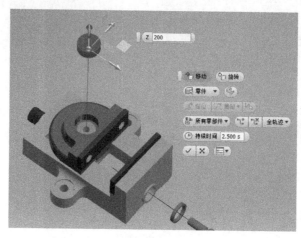

图 3-3-12

Step6 调整"动掌"移动位置。

单击"表达视图"选项卡"调整零部件位置"按钮，选择调整对象"动掌"，选择"移动"，单击变换方向 Z 轴，输入距离 150mm，单击 ✓ 按钮，完成"动掌"移动位置调整，如图 3-3-13 所示。

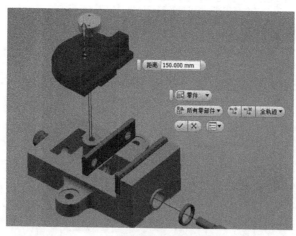

图 3-3-13

Step7 调整"滑块"移动位置。

单击"表达视图"选项卡"调整零部件位置"按钮，选择调整对象"滑块"，选择"移动"，单击变换方向 Z 轴，输入距离 150mm，单击 ✓ 按钮，完成"滑块"移动位置调整，如图 3-3-14 所示。

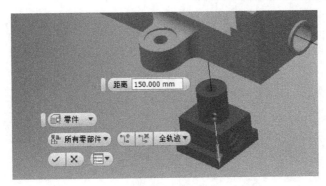

图 3-3-14

✏ **小技巧:**

可以通过输入正负数值，改变零件移出或旋转位置的方向。

Step8 调整"钳口垫铁"组件（包括沉头螺钉）移动位置。

单击"表达视图"选项卡"调整零部件位置"按钮 ⊿，按【Ctrl】键，依次选择两块"钳口垫铁"和四颗"沉头螺钉"，选择"移动"，单击变换方向 Z 轴，输入距离 125mm，单击 ✓ 按钮，完成"钳口垫铁"组件移动位置调整，如图 3-3-15 所示。

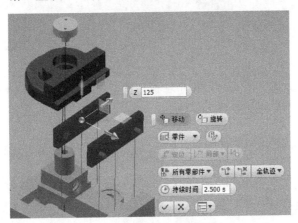

图 3-3-15

Step9 调整"沉头螺钉"位置。

移出位置调整。单击"表达视图"选项卡"调整零部件位置"按钮 ⊿，按【Ctrl】键，依次选择左边"钳口垫铁"上两颗"沉头螺钉"，选择"移动"，单击变换方向 X 轴，输入距离 15，单击 ✓ 按钮，完成"沉头螺钉"位置调整，如图 3-3-16 所示。同样的方法，完成右边"钳口垫铁"上两颗"沉头螺钉"移出位置调整。

旋转位置调整。单击"表达视图"选项卡"调整零部件位置"按钮 ⊿，按【Ctrl】键，依次选择四颗"沉头螺钉"，选择"旋转"，单击绕 X 轴方向，输入角度 360，单击 ✓ 按钮，完成"沉头螺钉"旋转位置调整，如图 3-3-17 所示。

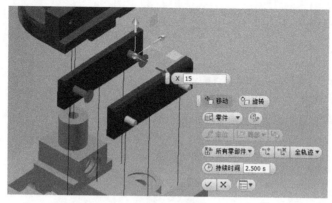

图 3-3-16

图 3-3-17

✏️ **小技巧：**

当定义多个零件做同一个动作，除了在视图窗口中选择多个零件（按【Ctrl】键），也可以在浏览器中选择多个做同一动作的零件。

Step10 调整其余零件的位置。

按前面的调整方法，依次完成其余零件位置的调整。效果如图 3-3-18 所示。

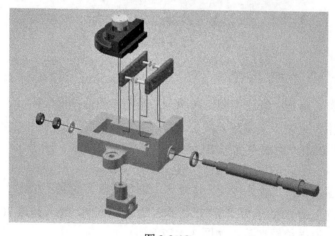

图 3-3-18

小技巧：

当零件位置不是很满意时，有以下三种方法进行调整：

① 在浏览器中，选择需要调整的零件，右击，选择"编辑位置参数"，重新设定参数值，如图 3-3-19 所示。

② 单击"表达视图"选项卡"调整零部件位置"按钮，选择需要调整的零件，手动调整。

③ 选择两坐标方向调整位置。

Step11 创建装配视频动画。

观察装配动画。单击窗口下方的"回到故事板开头"按钮，再单击"播放当前故事板"按钮，如图 3-3-20 所示，观察"平口钳"拆卸顺序是否吻合实际情况。

图 3-3-19

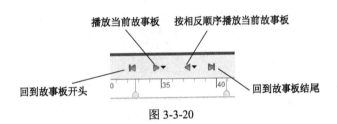

图 3-3-20

调整装配动画顺序。展开动画编辑窗口，如图 3-3-21 所示，按平口虎钳实际装拆顺序逐个调整各个组成零部件的动作时间，必要时编辑动作持续时间长度（方法：在浏览器选择需要调整的位置参数，右击，选择"重复调整零部件位置"，弹出快捷窗口，修改"持续时间"值，如图 3-3-22 所示）。

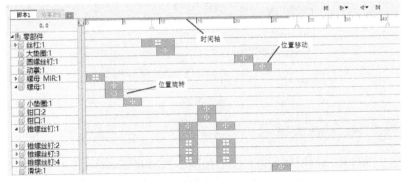

图 3-3-21

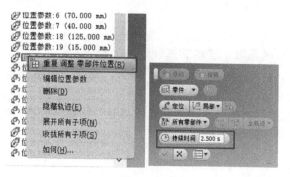

图 3-3-22

特别提示

> 装配件各组成零件移动或旋转位置创建顺序是默认动画顺序。为获得满意的、与实际相符合的装配件装拆动画顺序须在动画编辑窗口（故事板）内对各个组成零部件动作发生时间进行调整。

创建装配视频动画文件。单击"表达视图"选项卡"发布"组的"视频"按钮，弹出"发布为视频"对话框，选择输出文件位置，其余按默认设置，如图 3-3-23 所示，单击"确定"按钮，完成视频动画文件的创建，文件格式为*.wmv。

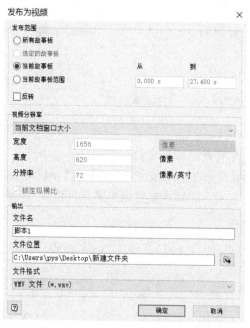

图 3-3-23

Step12 创建快照视图及光栅。

将动画窗口指针移动到所要视图位置，如图 3-3-24 所示，单击"表达视图"选项卡"新建快照视图"按钮，这时在时间轴上出现，快照视图创建完成，单击"表达视图"

选项卡"光栅"按钮 ，弹出"发布为光栅图像"对话框，选择输出文件位置，其余按默认设置，如图 3-3-25 所示，单击"确定"按钮，完成光栅图像文件的创建，文件格式为*.png。

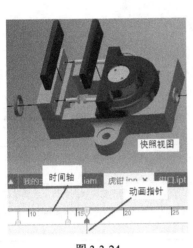

图 3-3-24

图 3-3-25

Step13 更换观察视角。

将动画窗口指针移动到"动画准备分区"，如图 3-3-26 所示，单击"表达视图"选项卡"捕捉照相机"按钮 🖫，调整装配视图观察位置，单击"播放当前故事板"按钮 ▷▼，查看装配情况。

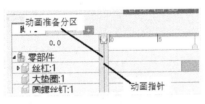

图 3-3-26

Step14 单击"保存"，输入文件名：平口虎钳.ipn。

知识链接

知识点 1 "调整零部件位置"对话框

向分解的表达视图添加位置参数时，为所选零部件或零部件组指定距离、方向和其他设置。

访问功能区：单击"表达视图"选项卡→"创建"面板→"调整零部件位置" 🗗，弹出"调整零部件位置"浮动对话框，其选项说明见表 3-3-1。

表 3-3-1　"调整零部件位置"浮动对话框选项

浮动对话框		
位置创建方式	移动	将位置参数的类型设置为"线性"。单击以选择"线性"，选择轴，输入距离，然后单击"应用"按钮
	旋转	将位置参数类型设置为"旋转"。单击以选择"旋转"，选择旋转轴，输入旋转角度，然后单击"应用"按钮
"零部件"		选择要调整位置的零部件。单击"零部件"，然后在图形窗口或浏览器中选择零部件
		注意：如果在打开对话框时选择了零部件，它将自动包含在所选零部件中。要从选择的组中删除零部件，请在选择时按住【Ctrl】键
持续时间		完成该动作所需时间

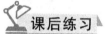

课后练习

创建任务 3.1 中"课后练习"装配表达视图。

项目四

工 程 图 创 建

项目描述

工程图是将设计者的设计意图及设计结果细化的二维图纸，是设计者与具体生产制造者交流的载体，也是产品检验及审核的依据。工程图由一张或多张图纸构成，每张图纸包含一个或多个视图和标注等。工程图与三维模型关联，模型的任何更改都会在下次打开工程图时自动反映在工程图中。操作者可以在设计过程中的任意阶段创建工程图，并且工程图始终反映模型的当前状态。Inventor 软件提供了创建二维工程图的功能，而且可以做到二维与三维相关联更新。

本项目是在前面三维模型设计和装配设计的基础上，完成零件工程图创建和装配工程图创建。

任务 4.1 拨叉零件工程图创建

任务描述

一张完整的零件工程图除了有标准的图框、标题栏外，还包括必要的视图、尺寸及公差要求、形位公差要求、表面结构要求以及技术要求说明等。本次任务是在项目一拨叉三维模型设计的基础上，创建拨叉零件工程图（见图 4-1-1），并达到以下目标：

1. 了解 Inventor 2017 工程图的创建环境，掌握工程图创建的基本步骤。

2. 能够熟练掌握建立基础视图、剖视图、投影视图、局部视图、局部剖视图以及编辑视图的方法。

3. 能正确对工程图进行标注（尺寸标注、形位公差标注、表面结构标注、文本标注等）。

4. 能够熟练利用工程图的草图修改视图。

5. 能够熟练掌握图纸格式、标题栏设置和编辑。

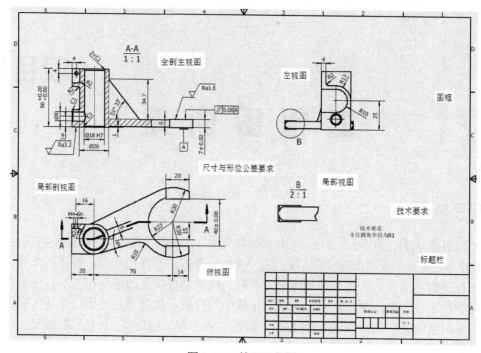

图 4-1-1 拨叉工程图

任务分析

为了完整表达拨叉零件，我们先采用基本视图工具创建俯视图，然后创建剖切的主视图，其次创建左视图，最后对零件进行尺寸标注，以及选择大小合适的图纸和书写技术要求等。拨叉零件工程图创建步骤见图 4-1-2。

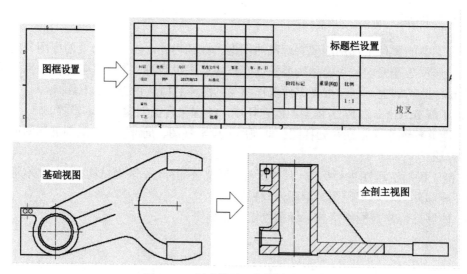

图 4-1-2 创建拨叉工程图的流程图

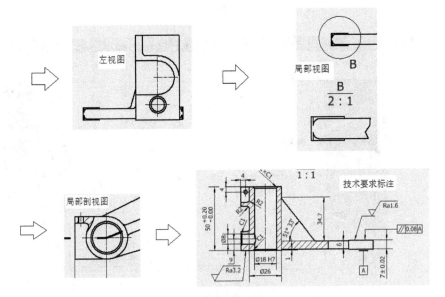

图 4-1-2　创建拨叉工程图的流程图（续）

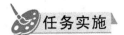任务实施

Step1 新建文件。

图 4-1-3

首先打开 Inventor 2017，单击"新建"□的下拉菜单按钮"▼"如图 4-1-3 所示。单击选择"工程图"▦，进入工程图创建环境（见图 4-1-4），完成新建工程图。

工程图创建界面主要有功能区、浏览器、绘图区、状态栏等。

Step2 创建基础视图。

选取表达零件。在"放置视图"选项卡"创建"组，选择"基础视图"▤（基础视图是建立其他视图的基础），弹出对话框，如图 4-1-5 所示，在"文件"中，单击选择"打开现有图形"找到所要表达的零件——"拨叉"。

确定基础视图的方向。由于 Inventor 2017 认定的前视图是 XY 平面，所以可以选择视图方向为"前视图"作为工程视图的基础视图，也可以通过绘图区的视图操作工具选择其他方向的视图作为基础视图。

基础视图其他设置。"比例"选择 1∶1；"样式"选择 "不显示隐藏线"，单击"确定"按钮。单击选中视图，不松开鼠标左键将视图拖至合适位置，如图 4-1-6 所示，完成基础视图创建。

特别提示 ● ● ● ●

视图显示"样式"有："不显示隐藏线""显示隐藏线"和"着色"三个选项，可根据视图表达需要任意选择，一般情况下选择"不显示隐藏线"。

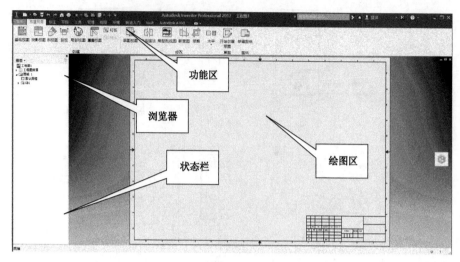

图 4-1-4

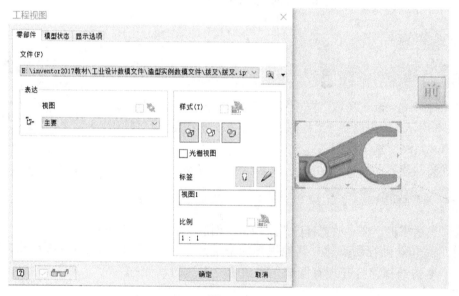

图 4-1-5

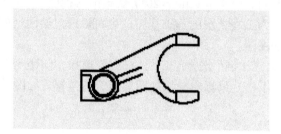

图 4-1-6

Step3 编辑图纸。

在浏览器中选择要操作的图纸，单击右键选择"编辑图纸"，弹出"编辑图纸"对话框，如图 4-1-7 所示，在"大小"下拉列表框选择合适的图纸大小"A2"，在方向选项中选择"横向"，单击"确定"按钮完成图纸的编辑。

特别提示

① 当标准图框，包括后续的标题栏等不满足要求时也可以定制模板，参见相关书籍。

② 视图大小的选择与图纸内视图量有关，当不能确定视图大小时，也可以在创建工程图过程中修改视图的大小。

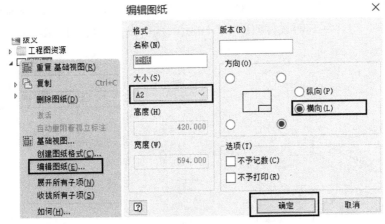

图 4-1-7

Step4 编辑标题栏。

在浏览器中选择要操作的"GB1"，单击右键选择"编辑定义"，弹出标题栏编辑草图，如图 4-1-8 所示，根据需要可以修改标题栏表格形式和项目，单击功能区中的 ✔ 按钮，完成标题栏编辑。

在"大小"下拉列表框选择合适的图纸大小"A2"，在方向选项中选择"横向"，单击"确定"按钮完成图纸的编辑。

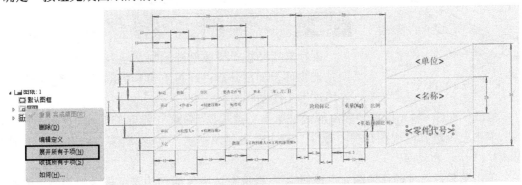

图 4-1-8

Step5   创建剖切视图。

分析此零件主视图应采用旋转剖，这样既可以表达肋板又可以表达物体的内部结构，所以采用剖视较好。

单击菜单栏的"剖视"按钮 ⌐门。命令提示行提示"选择视图或视图草图"，光标移至基本视图附近，待视图附近出现红色框时，单击鼠标。

命令提示行提示"选择剖切线终点"其实应该是选择剖切线起终点。将鼠标滚轮向下滚动，放大基本视图，以方便选择。将光标移至左边圆心处出现绿色点，将光标移动（有虚线）至端面左边，点一下，移至圆中心点一下，沿肋板斜线不超过右边大圆圆周点一下（出现平行信号"∥"），水平向右过零件最右边点一下，如图 4-1-9 所示。

单击右键，选择"继续"，弹出对话框，如图 4-1-10 所示。选择或编辑合适的标识符，缩放比例选择 1：1，样式等设置如图 4-1-10 所示，单击"确定"按钮。

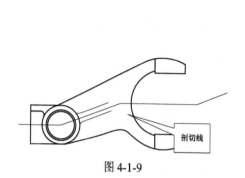

图 4-1-9

图 4-1-10

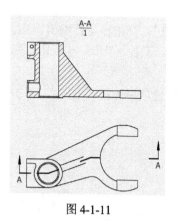

图 4-1-11

在绘图区域调整至合适位置（将光标移至剖视图附近待出现红框，按住鼠标左键，将光标拖至合适位置），如图 4-1-11 所示。

📋 **注意：**

> 剖切位置选择要准确，仔细观察图标提示。

Step6   去除剖切视图中肋板处的剖切线。

国标规定肋板不需要剖开绘制，但 Inventor 2017 的剖视图是把物体全部剖开后进行投影得到的剖视图，这个矛盾只能通过手工绘图解决。

修改剖面线。将光标移动到剖面线处单击右键选择"隐藏"，隐藏剖面线（见图 4-1-12）。

单击左键选择剖视图，在"草图"组中单击菜单栏的"创建草图"按钮 ，出现如图 4-1-13 所示的界面。

单击菜单栏"投影几何图元"按钮 ，框选左边不包括右边叉爪部分的圆弧，选中部分变蓝。选择菜单栏中的"直线" ，补上肋板的轮廓，如图 4-1-14 所示。

小技巧：

框选方法有两种：一种是从左上角到右下角为选择框中的图元（意思是：只有图元全部包含在线框内，才会被选中）；另一种是右下角到左上角为选择碰到的几何图元（意思是：只要图元有一部分包含在线框内，就会被选中）。

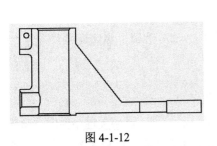

图 4-1-12

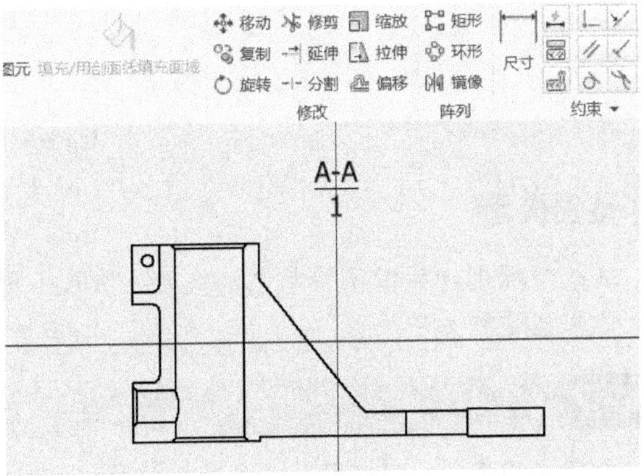

图 4-1-13

单击"草图"→"绘制"面板→"填充/剖面线填充面域" ◇，然后再单击选择需要打剖面线的区域，弹出对话框，单击"剖面线图案" ▨，选择图案 ANSI 31，角度 45°，比例 1，如图 4-1-15 所示，单击"确定"按钮。

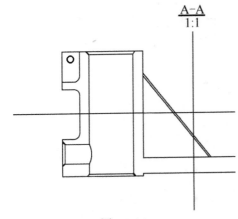

图 4-1-14

图 4-1-15

同理按照此方法，在其他剖面区域，打上剖面线。如图 4-1-16 所示，单击"完成草图"按钮 ✓。

修改肋板线条的宽度。发现补充肋板的两条线为细实线（见图 4-1-16），线宽和其他图线不一致，可以单击这两条线选择"特性"，修改线宽为 0.7，如图 4-1-17 所示（系

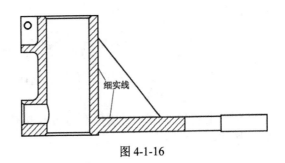

图 4-1-16

统默认，可在"标注"→"编辑图层"中查看）单击"确定"按钮。结果如图 4-1-18 所示。

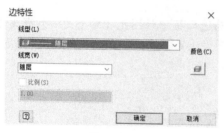

图 4-1-17

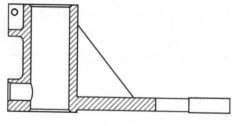

图 4-1-18

 特别提示 • • • •

这种处理剖切后但不绘制剖切线的方法除了用于肋板，还用于轴、螺纹连接件等。你掌握这种方法吗？

Step7 创建投影视图。

创建俯视图的投影视图。单击选择菜单栏"投影视图"按钮▤，单击选择俯视图，将光标向上拖动，右击，选择"创建"得到主视图（不剖）；再选择菜单栏"投影视图"▤，单击选择主视图（不剖），将鼠标向右拖动，右击，选择"创建"得到左视图，如图 4-1-19 所示。

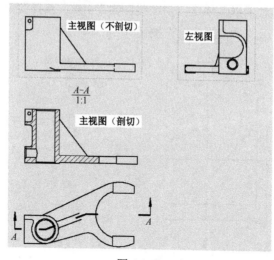

图 4-1-19

 注意：

Inventor 2017 的剖视图是把物体剖开后进行投影的，所以剖视图不可以用来投影视图。

复制左视图。选择左视图，右击，选择"复制"，鼠标移至合适的位置，右击选择"粘贴"，如图 4-1-20 所示。

删除主视图（不剖）。选择不剖的主视图，右击，选择"删除"，弹出对话框，单击"确定"按钮。

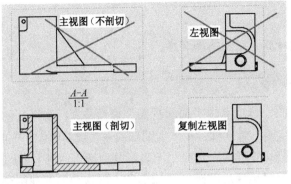

图 4-1-20

特别提示

在执行删除视图操作时，其派生视图也会一并被删除，基础视图是级别最高的视图。因此，为了获得左视图，又要删除其父视图（不剖切的主视图），需对左视图进行复制，而复制视图与被复制视图不存在父子关系。

Step8 对齐视图。

对齐左视图与剖视图。单击选择对齐视图—左视图，右击，选择"对齐视图"→"水平"，再选择对齐对象—剖视图，如图 4-1-21 所示。一旦执行对齐操作后，当拖动对齐对象，对齐视图会一并与其移动。若要解除对齐关系，则单击视图，右击，选择"对齐视图"→"打断"（见图 1-22），即完成，或选择"放置视图"选项卡中 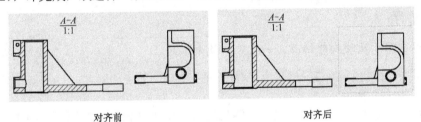，视图对齐前后如图 4-1-21 所示。

对齐前　　　　　　　　　　　　　　　　　　对齐后

图 4-1-21

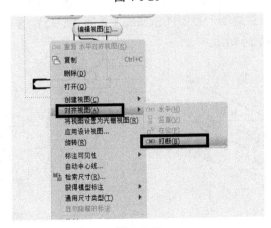

图 4-1-22

📝 **注意：**

对齐视图与被对齐视图的选择顺序。

Step9 创建局部视图。

单击"放置视图"选项卡中"局部视图"按钮 🏠，选择要创建局部视图的视图—左视图，弹出"局部视图"对话框，在"视图标识符"填写"B"，"缩放比例"选择"2：1"，"轮廓形状"选择圆形，"样式"选择"不显示隐藏线"，如图 4-1-23 所示，单击需要放大区域的中点，拖动鼠标至合适的圆形区域单击，再移动局部视图至合适放置位置单击，完成局部视图创建，如图 4-1-24 所示。

图 4-1-23

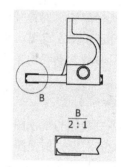

图 4-1-24

📋 **特别提示** ● ● ● ●

局部视图用于反映局部细节，一般采取放大方式。

Step10 创建局部剖视图。

创建局部剖切轮廓。单击"放置视图"选项卡中"开始创建草图"按钮 📝，选择需要局部剖切视图-俯视图，进入草图环境，选择"草图"选项卡中"创建"组中的"样条曲线"工具，在局部剖切位置绘制一封闭样条曲线（见图 4-1-25），单击"完成草图"按钮 ✔️，退出草图环境，如图 4-1-26 所示。

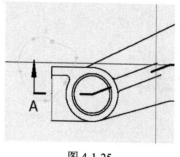

图 4-1-25

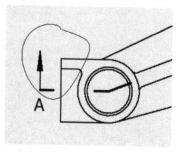

图 4-1-26

注意:

> 剖切轮廓一定要封闭，否则无法创建局部剖视图。此外，剖切轮廓不一定为样条曲线，直线和圆弧也行。

创建局部剖视图。单击"放置视图"选项卡中"局部剖视图"按钮 🔁，弹出"局部剖视图"对话框，"截面轮廓"默认为刚创建的闭样条曲线，"深度"选择"至孔"，单击主视图孔（圆），此时，"确定"按钮由灰转明，如图 4-1-27，单击"确定"按钮，完成局部剖视图的创建，如图 4-1-28 所示。

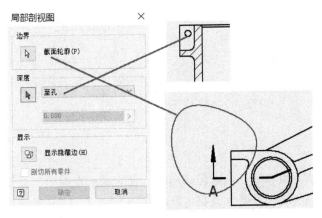

图 4-1-27

图 4-1-28

Step11 创建中心线。

自动创建中心线。单击主视图，右击，选择"自动中心线"如图 4-1-29 所示，在弹出的对话框中选择合适的适用范围，一般选择"孔特征""圆柱特征""旋转特征""环形阵列""视图中的对象—轴法向""视图中的对象—轴平行"，单击"确定"按钮，创建结果如图 4-1-30 所示。

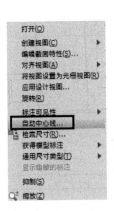

图 4-1-29

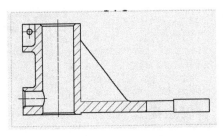

图 4-1-30

特别提示

中心线是用以标识中心的线条，一般用来表示圆柱（圆孔）的轴线或者圆心位置，具体创建方法，见本节"知识链接"中的"知识点 1"。

手动创建中心线。单击"标注"选项卡中"中心标记"按钮 ⊹，依次选择俯视图、左视图中的圆弧，即完成圆或圆弧中心线创建，如图 4-1-31 所示。单击"标注"选项卡中"对分中心线"按钮 ⬚，依次选择俯视图中 φ4 孔两条轮廓线，即完成对分中心线创建，如图 4-1-32 所示。

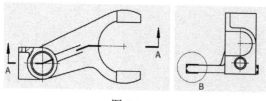
图 4-1-31

图 4-1-32

✎ **小技巧：**

当中心的长度不合适时，可以先选中中心线，然后拖动两端，使它延长或缩短，直至合适的长度。此外，对初学者来说，一般提倡手动方式创建中心线。

Step12 标注尺寸。

（1）确定尺寸标注基准。选择轴孔轴线作为长度和宽度方向基准，轴孔下端面作为高度方向基准，如图 4-1-33 所示。

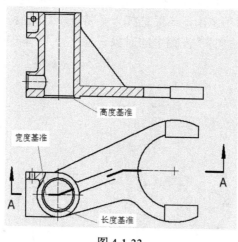
图 4-1-33

 特别提示

尺寸标注基准选择是决定能否正确尺寸标注的关键，选择什么对象作为尺寸标注基准可参考"零件设计"相关书籍。

（2）安装轴孔尺寸标注。

孔轴长度标注。单击"标注"选项卡"尺寸"组的"尺寸"按钮 $\boxed{}$，依次选择孔轴上下端线，拖动尺寸线至合适位置，弹出"编辑尺寸"对话框（见图4-1-34），在"精度和公差"选项卡中"公差方式"选择"偏差"，并输入上偏差0.2mm，下偏差0（尺寸公差创建，下同，从略），单击"确定"按钮，完成尺寸创建，如图4-1-35所示。

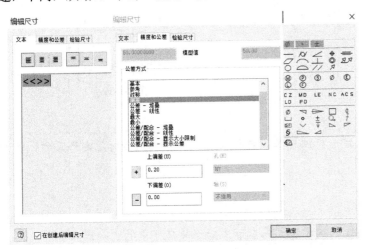

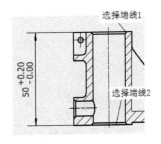

图4-1-34　　　　　　　　　　　　　　　　　　图4-1-35

孔轴内外径标注。单击"标注"选项卡"尺寸"组的"尺寸"按钮 $\boxed{}$，依次选择左右轮廓线，拖动尺寸线至合适位置，弹出"编辑尺寸"对话框（见图4-1-36），在"文本"选项卡文本编辑窗口中，将光标移动至文本前，单击右侧"ϕ"，在"精度和公差"选项卡中"公差方式"选择"公差/配合-线性"，"孔"选择"H7"（尺寸公差创建，下同，从略），单击"确认"按钮，完成内径尺寸创建，用同样的方法创建外径尺寸，如图4-1-37所示。

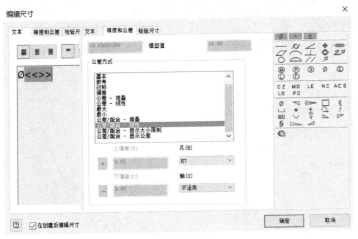

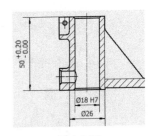

图4-1-36　　　　　　　　　　　　　　　　　　图4-1-37

孔口倒角尺寸标注。单击"标注"选项卡"特征注解"组的"倒角"按钮 $\searrow$，选择倒角边，选择引用边，选择合适位置，单击，完成倒角尺寸标注。双击倒角尺寸，弹出"编辑倒角注释"对话框，如图 4-1-38 所示，在对话框中文本首位输入"2×"，单击"确定"按钮，如图 4-1-39 所示。

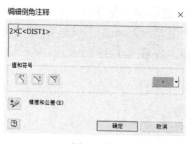

图 4-1-38

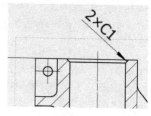

图 4-1-39

 小技巧：

尺寸标注基本步骤：先选定一标注特征，再标注定位尺寸，然后标注定形尺寸，依此类推……

特别提示 ● ● ● ●

放置尺寸和角度尺寸的具体创建方法，见本节"知识链接"中的"知识点 2"。

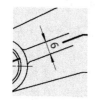

图 4-1-40

（3）肋板尺寸标注。

肋板厚度标注。单击"标注"选项卡"尺寸"组的"尺寸"按钮，依次选择肋板宽度方向两条界线，拖动尺寸线，保持尺寸线与肋板界线垂直，至合适位置，单击"确定"按钮，如图 4-1-40 所示。

肋板形状尺寸标注。单　　击"标注"选项卡"尺寸"组的"尺寸"按钮，依次选择肋板最高位置点和最低位置点，水平拖动尺寸至合适位置，单击"确定"按钮，完成肋板高度尺寸创建；同样方法，依次选择肋板斜线和水平位置线，移动鼠标至合适位置，单击，弹出"编辑尺寸"对话框，在"精度与公差"选项卡中，"角度单位"选择"DD，MM"，单击"确定"按钮，完成角度尺寸创建，如图 4-1-41 所示。

图 4-1-41

（4）拨叉尺寸标注。

创建拨叉位置尺寸。单击"标注"选项卡"尺寸"组的"尺寸"按钮，依次选择轴孔中心与叉口中心，创建长度位置尺寸 70 和宽度位置尺寸 15；选择高度基准与拨叉底面，创建高度位置尺寸 1，如图 4-1-42 所示。

创建拨叉形状尺寸。单击"标注"选项卡"尺寸"组的"尺寸"按钮，依次选择圆弧完成圆弧半径标注，选择尺寸两个边界完成线性尺寸标注，选择角度两个边界完成角度标注，标注结果如图 4-1-43 所示。

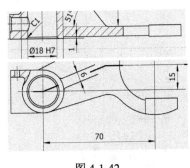

图 4-1-42

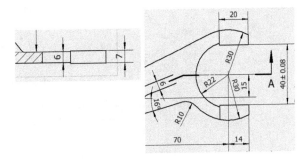

图 4-1-43

（5）拨叉手柄座标注。

外形尺寸标注。单击"标注"选项卡"尺寸"组的"尺寸"按钮，依次选择圆弧完成圆弧半径标注，选择尺寸两个边界完成线性尺寸标注，标注结果如图 4-1-44 所示。

孔及螺纹孔标注。

单击"标注"选项卡"尺寸"组的"尺寸"按钮，选择 $\phi 8$ 孔中心线与轴孔底面，完成孔位置标注，选择 $\phi 8$ 孔圆柱面轮廓线，

单击"标注"选项卡"尺寸"组的"尺寸"按钮，选择 M4 螺纹中心线与轴孔中心线，完成位置尺寸 16 的标注；分别选择螺纹孔中心线与轴孔上端面和侧面，完成位置尺寸 4 的标注；选择螺纹孔大径两条线，移动尺寸至合适位置，在弹出的"编辑尺寸"对话框"文本"选项卡文本编辑窗口中，将光标移动至文本前，填入"M"，将光标移动至文本后，填入"–6H"，单击"确定"按钮，完成螺纹标注，如图 4-1-45 所示。

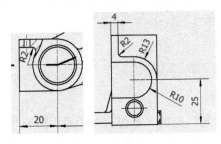

图 4-1-44

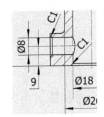

图 4-1-45

（6）表面结构标注。

单击"标注"选项卡"符号"组的"粗糙度"按钮，选择孔轴底面，拖动至合适位置，右击，选择"继续"，弹出"表面粗糙度"对话框，在"A"处填写"Ra3.2"，"表面

类型"选择"去除材料"，单击"确定"按钮，完成表面结构标注，如图 4-1-47 所示。其他表面结构标注同上，这里从略。

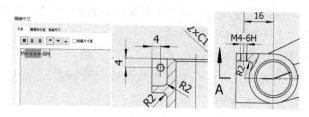

图 4-1-46

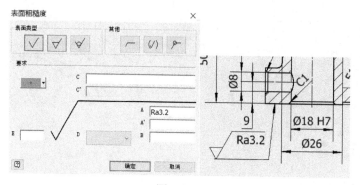

图 4-1-47

（7）形位公差标注。

基准标注。单击"标注"选项卡"符号"组的"粗糙度"按钮 ，选择叉爪下表面，拖动鼠标至合适位置，单击，弹出"文本格式"对话框，在窗口中填写基准代号"A"，单击"确定"按钮，完成基准标注，如图 4-1-48 所示。

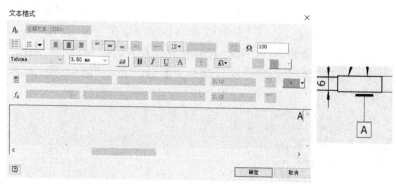

图 4-1-48

形位公差符号标注。单击"标注"选项卡"符号"组的"形位公差符号"按钮 ，选择叉爪上表面，拖动鼠标至合适位置，单击，弹出"形位公差符号"对话框，"符号"选择平行度，"公差"填写 0.08，基准填写"A"，单击"确定"按钮，完成形位公差符号标注，如图 4-1-49 所示。其他要素形位公差标注同上，这里从略。

（8）技术要求创建。

单击"标注"选项卡"文本"组的"文本"按钮A，在合适位置单击对角两点，弹出

"文本格式"对话框，在对话框窗口位置填写需要说明文本技术要求，根据需要编辑文本格式，单击"确定"按钮，完成技术要求创建，如图 4-1-50 所示。

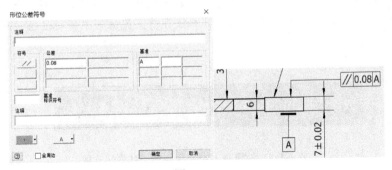

图 4-1-49

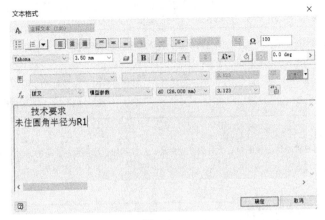

图 4-1-50

至此，完成拨叉零件图创建，如图 4-1-51 所示。

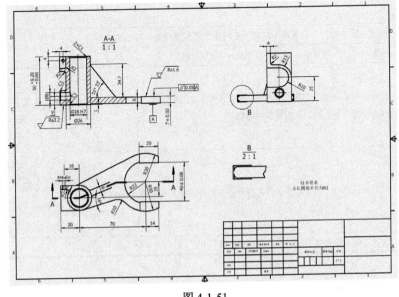

图 4-1-51

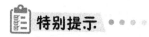

特别提示 • • • • •

Inventor 2017 软件提供的默认标注可能与我国制图标准不吻合，在进行标注是要符合我国制图最新标准。因此，希望读者在学习本任务前，关注一下新标注画法或表达方式。

知识链接

| 知识点 **1** | 放置中心线和中心标记的详细步骤（见表4-1-1） |

表4-1-1 放置中心线和中心标记的详细步骤

序　号	详　细　步　骤	图 形 示 例
1	在功能区上，单击"标注"选项卡→"符号"面板→"中心线"	
2	将光标移动到剖视图中左上方的孔的中心。当显示绿色实心圆（恰好位于中心点）时，单击选择中心线的第一个点 提示：单击"中心线"命令后，可先单击选择圆，然后再单击可较容易地选择圆心	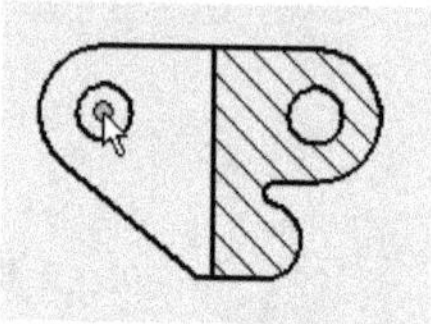
3	将光标向右移动到剖视图中右上方的孔的中心。当显示绿色实心圆时，单击选择中心线的端点	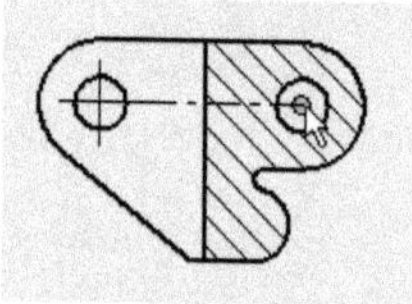
4	单击鼠标右键显示关联菜单	
5	选择"创建"，完成中心线的放置	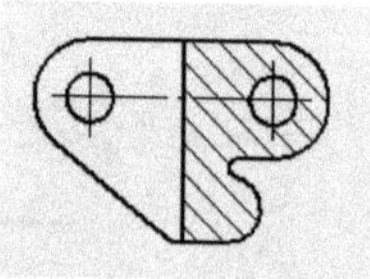
6	重复步骤2～5，在前视图中这两个相同孔之间放置相似的中心线	
7	单击"标注"选项卡→"符号"面板→"中心标记"	
8	将光标移动到剖视图右下角的圆柱特征的中心。当显示绿色实心圆（表示光标恰好位于圆心处）时，单击放置中心标记	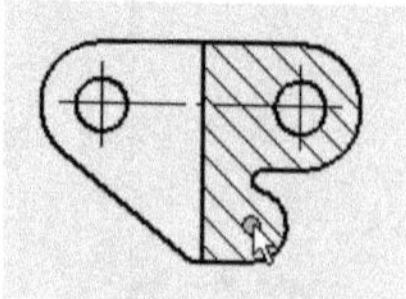
9	重复上述步骤，在圆柱半径内及前视图中的相同位置放置中心标记	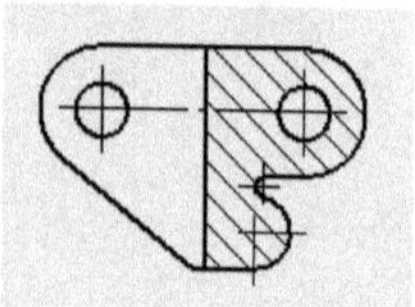
10	放置好中心线和中心标记后，便可以放置尺寸了	

知识点 **2** 放置尺寸的详细步骤（见表 4-1-2）

表 4-1-2　放置尺寸的详细步骤

序　号	详细步骤	图形示例
1	在功能区上，单击"标注"选项卡→"尺寸"面板→"尺寸"	
2	将光标移动到剖视图中最左侧孔上的竖直中心标记的顶部边界	
3	当显示两个绿色实心圆且亮显竖直线时，单击选择中心标记的竖直线作为尺寸的左侧边界	
4	将光标移动到剖视图中最右侧孔上的竖直中心标记的顶部边界	
5	当显示两个绿色实心圆且亮显竖直线时，单击选择中心标记的竖直线作为尺寸的右侧边界	
6	注意，当移动光标时，尺寸延伸线也会调整应单击以定位尺寸。 虽然已放置单个尺寸，但"尺寸"命令仍然处于激活状态	
7	将光标移动到剖视图中最左侧孔上的竖直中心标记的底部边界	
8	当显示两个绿色实心圆且亮显竖直线时，单击选择中心标记的竖直线作为尺寸的左侧边界	
9	将光标移动到表示切割材料的竖直线的底部边界	
10	选择尺寸的右边界，在亮显该线且显示绿色实心圆时单击鼠标	
11	移动光标选择某个位置，然后单击放置 16（mm）的尺寸	
12	继续在剖视图、前视图、左视图和俯视图上放置水平和竖直尺寸。单击【Esc】键可终止尺寸命令	
13	放置若干尺寸后，可以决定是否移动尺寸。没有激活任何命令时，将光标移动到需要移动的尺寸值上。当尺寸亮显时，单击尺寸值并将其（向上/下，或向左/右）拖动到新位置。还可以单击并拖动任意绿色实心圆的编辑控制柄，进行其他尺寸编辑	

知识点 3 放置角度尺寸的详细步骤（见表 4-1-3）

表 4-1-3　放置角度尺寸的详细步骤

序　号	详　细　步　骤	图 形 示 例
1	在功能区上，单击"标注"选项卡→"尺寸"面板→"尺寸"	
2	将光标移动到前视图中的角度线上。当该线亮显时，单击选择要放置尺寸的角度的第一条边。对于此选择，无须在线上定位关键点。不必定位任何绿色实心圆，因为它将自动推断选择线的中点或端点	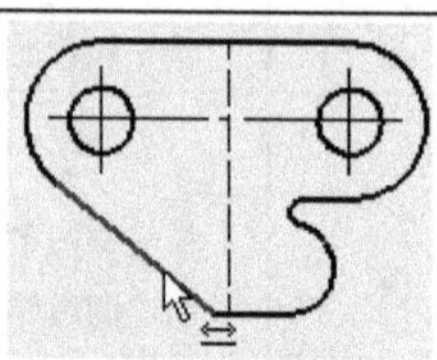
3	将光标移动到底部水平线上。当该线亮显时，单击选择要标注尺寸的角度的第二条边。注意，光标旁边的图标是指将创建角度尺寸	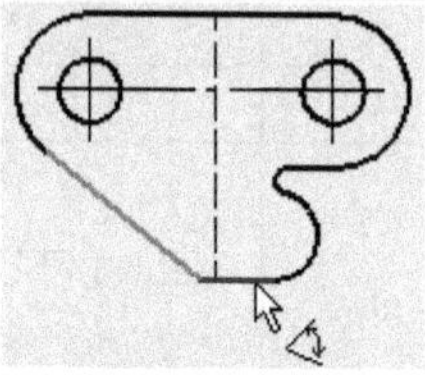
4	要理解尺寸选项，将光标拖动到圆内，并注意可以将角度尺寸放置在选择的两条线相交所界定的四个象限之一内	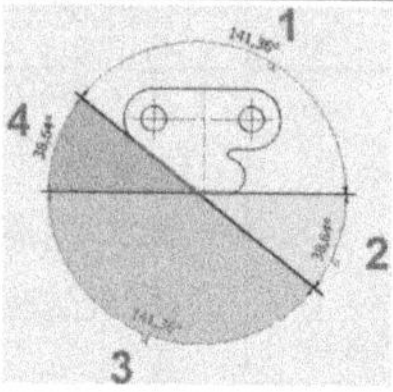
5	单击在显示的象限内放置角度尺寸	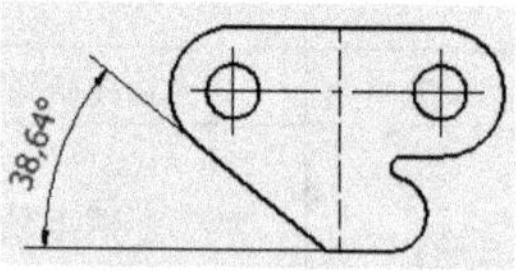

知识点 4 添加剖视图

访问功能区：单击"放置视图"选项卡 ➤ "创建"面板 ➤ "剖视图" 🔲。显示屏左下角的"状态栏"会提示"选择视图或视图草图"，详细步骤见表 4-1-4。

表 4-1-4　添加剖视图的详细步骤

序　号	详　细　步　骤	图 形 示 例
1	在工程图纸上单击位于前视图或基础视图右侧的左视图。系统会提示输入剖切线的端点。绘制一条竖直线，该线应从视图几何图元上方开始，延伸至视图几何图元下方，并穿过零件中心	
2	沿零件中心位置的顶线慢慢移动光标以找到该零件的中心。当到达该线的中心时，光标会显示为绿球，此时先不要单击	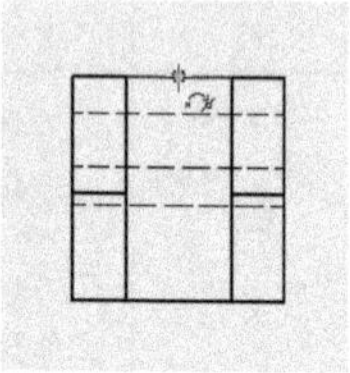

序　号	详细步骤	图形示例
3	将光标缓慢移动到工程视图的上方。 当向上移动时，会看到一条虚线从光标延伸到零件的中心。这条虚线表示已与位于绿球下方的线的中点对齐。如果在向上移动的过程中太偏右或偏左，将不能再与该点对齐，并且虚线会消失	
4	当这条竖直虚线可见时，单击选择剖切线的顶点	
5	将光标向下竖直移动到视图下方。光标将表明该线垂直于零件边线	
6	当光标旁边显示垂直图标时，单击选择剖切线的端点	
7	单击鼠标右键，然后选择"继续"。"剖视图"对话框会显示其中提供了用于定义、标识和缩放剖视图的各种选项。在此练习中，接受默认设置	
8	向前视图左侧移动光标，然后单击放置剖视图，并关闭"剖视图"对话框	
9	在创建剖视图的过程中，可以在绘制剖切线草图时使用 Inventor 的功能类推几何关系。此示例中使用的是单条直线。在其他较为复杂的示例中，将使用贯穿多个特征的关键点的多段线 剖视图已创建，且标签已定位，用以标识该视图和视图比例。该视图标签是可选的，放置后还可以根据需要重新定位和编辑	A-A（1:1）
10	将光标移动到视图标签上方。标签文本变为红色后，单击并将标签拖离视图几何图元，以留出放置尺寸的空间	

知识点 5　通过"公差"对话框设定零件尺寸公差（见表4-1-5）

表4-1-5　设定零件尺寸公差的详细步骤

序　号	详细步骤	
1	双击尺寸打开编辑框，然后单击选择"公差"	
2	在"公差"对话框中，根据需要修改数值	在"精度"选项卡上，单击箭头以设置十进制尺寸精度
		在"估算大小"选项卡上，选择估算尺寸时使用的"上偏差""公称值""中偏差"或"下偏差"

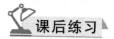

续表

序　号	详　细　步　骤	
2	在"公差"对话框中，根据需要修改数值	在"类型"选项卡上，单击箭头并为所选尺寸选择公差类型
		根据选择，输入数值来设置公差范围的"上限"和"下限"以及孔尺寸和轴尺寸的公差（用于"公差与配合"）
3	单击"确定"按钮	

 课后练习

运用所学的知识，创建项目一中减速器箱体和项目二中无线路由器的工程图。

任务 4.2　平口虎钳装配工程图创建

任务描述

装配图（见图 4-2-1）是表达设计思想及技术交流的工具，是指导生产的基本技术文件。无论是在设计机器还是测绘机器时必须画出装配图。本节以平口虎钳为例，创建其装配工程图，并达到以下目标：

1. 了解 Inventor 2017 工程图创建的基本原理。

2. 熟练掌握建立基础视图、剖视图、投影视图及编辑视图的方法。

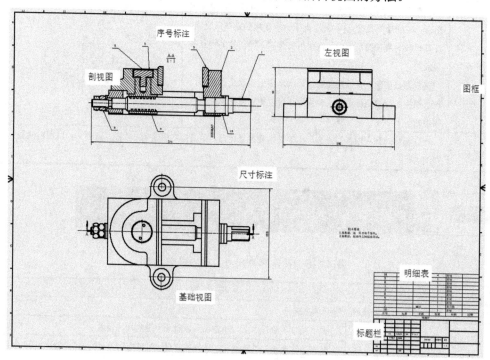

图 4-2-1　平口虎钳装配图

3．熟练掌握利用工程图的草图修改视图、视图的标注及修改。

4．熟练掌握图纸格式的编辑方法及编辑文本方法。

5．熟练创建标题栏，并填写标题栏和明细栏。

任务分析

平口虎钳装配图主要用于表达平口虎钳的图样、工作原理和各零部件之间的装配关系，首先创建平口虎钳的基本视图（主视图），然后创建俯视图和左视图，利用草图修改螺纹表达方法和双耳的表达方法，其次标注零部件的序号，最后创建明细栏、标注零部件的尺寸。创建顺序如图 4-2-2 所示。

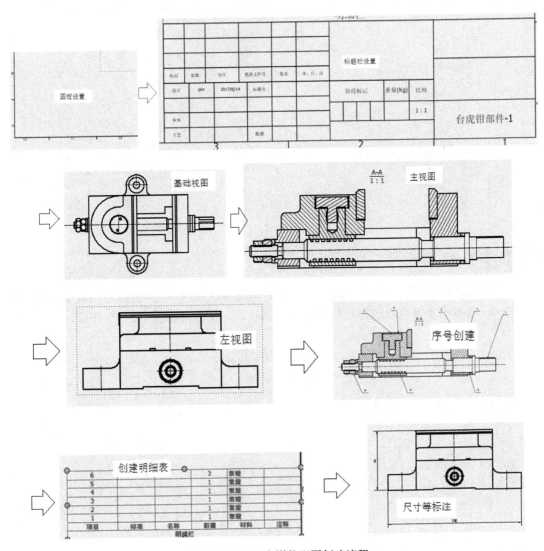

图 4-2-2 平口虎钳装配图创建流程

任务实施

Step1　创建平口虎钳的基础视图。

打开 Inventor 2017，单击"新建" ▢ 的下拉菜单按钮▼，如图 4-2-3 所示。单击"工程图"按钮▦，完成新建工程图。工程图界面前面已述，这里从略。

Step2　编辑图纸。

将光标移至浏览器的"图纸 1"上，单击右键，弹出快捷菜单，如图 4-2-4 所示，选择"编辑图纸"，弹出对话框，如图 4-2-5 所示，选择图纸的大小为 A1，单击"确定"按钮。

图 4-2-4

图 4-2-3

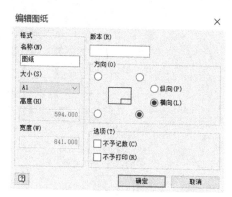

图 4-2-5

Step3　编辑标题栏。

在浏览器中选择要操作的"GB1"，单击右键选择"编辑"，弹出标题栏编辑草图，如图 4-2-6，根据需要可以修改标题栏表格形式和项目，单击功能区中的 ✔ 完成草图 按钮，完成标题栏编辑。

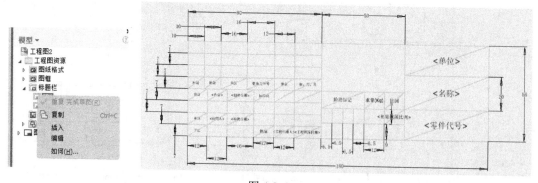

图 4-2-6

Step4　创建基础视图。

选取表达装配组件。在"放置视图"选项卡"创建"组中选择"基础视图"▣（基础视图是建立其他视图的基础），弹出对话框，如图 4-2-7 所示，在"文件"中，单击选择"打开现有图形"，找到所要表达的零件——"台虎钳部件"。

确定基础视图的方向。由于 Inventor 2017 认定的前视图是 *XY* 平面，所以可以选择视图方向为"前视图"作为工程视图的基础视图，也可以通过绘图区的视图操作工具选择其他方向的视图作为基础视图。

基础视图其他设置。"比例"选择 1∶1；"样式"选择 "不显示隐藏线"，单击"确定"按钮。单击选中视图，不松开鼠标左键将视图拖至合适位置，如图 4-2-8 所示，完成基础视图的创建。

图 4-2-7

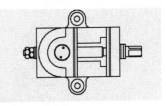

图 4-2-8

✎ **小技巧：**

> 装配工程图创建与零件工程图创建方法几乎一致，因此你要打好零件工程图创建基础，并善于"借力"，定能达到事半功倍效果。

Step5 创建全剖主视图。

创建视图。单击"投影视图"按钮，选择俯视图，选择螺杆轴线作为剖切位置（见图 4-2-9），右击，选择"继续"，弹出"剖视图"对话框，"视图标识"填写 A，拖动视图至合适位置，单击"确定"按钮。

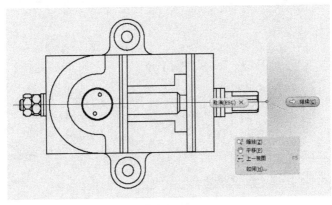

图 4-2-9

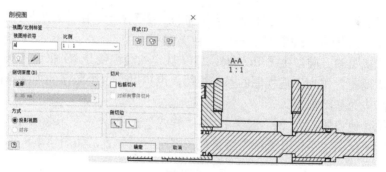

图 4-2-10

完善视图。选中螺杆隐藏线，右击，选择隐藏（见图4-2-11）。选择剖视图，在"草图"组中单击菜单栏的"创建草图" ✎ ，进入草图环境，选择"线" ✎ 工具，补画螺杆隐藏剖面线后所缺直线，分别选中所画直线，右击，选择"特性"，修改"线宽"0.7mm，如图4-2-12所示，单击完成草图按钮 ✔ ，结果如图4-2-13所示。

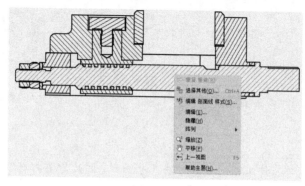

图 4-2-11

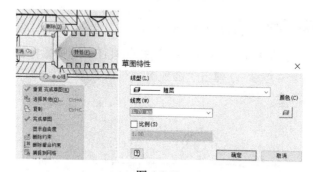

图 4-2-12

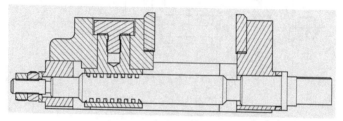

图 4-2-13

Step6 创建左视图。

单击"投影视图"按钮 ⬜，选择俯视图，将光标向上拖动至合适位置，得到不剖切主视图；单击"投影视图"按钮 ⬜，选择不剖切主视图，将光标向左拖动至合适位置，单击确认，创建左视图；复制该左视图，删除刚创建的不剖切主视图，创建结果如图 4-2-14 所示。（详细操作方法见"零件工程图创建"）

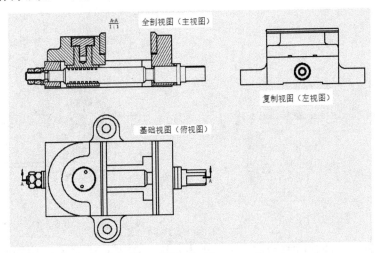

图 4-2-14

Step7 创建中心线。

选中各个视图，单击右键，选择"自动中心线"如图 4-2-15 所示，在弹出的对话框中选择合适的适用范围，一般选择"孔特征""圆柱特征""视图中的对象—轴法向""视图中的对象—轴平行"，适当手动调整中心线的长度，如图 4-2-16 所示，单击"确定"按钮。也可以应用"标注"选项卡"符号"组中的相关工具手动标注。

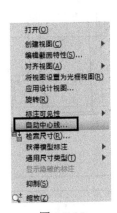

图 4-2-15

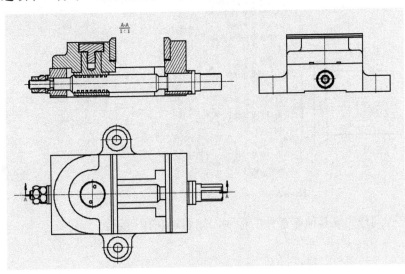

图 4-2-16

Step8 标注零部件的序号。

单击"引出序号"按钮 ①，状态栏中提示选择一个零部件，单击选择螺杆（选中者变为红色），弹出"BOM 表特性"，单击"确定"按钮，如图 4-2-17 所示；拖动线条至合适位置，单击右键选择"继续"，如图 4-2-18 所示。

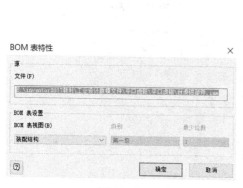

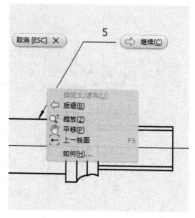

图 4-2-17

图 4-2-18

修改序号数字。将鼠标移至数字上，单击右键（或双击），选择"编辑引出序号"，如图 4-2-19 所示。

在编辑引出序号对话框中选择忽略形状，输入 1 代替序号 5，如图 4-2-20 所示，单击"确定"按钮，完成螺杆序号标注。

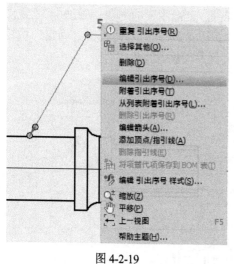

图 4-2-19

图 4-2-20

同理完成其他零部件的标注，如图 4-2-21 所示。

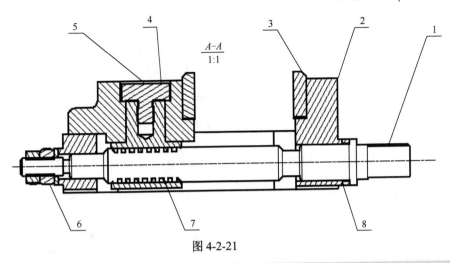

图 4-2-21

创建明细栏。

放置明细表。单击"标注"选项卡中"明细栏"按钮 ，弹出"明细表"对话框，"选择视图"选择主视图，"表拆分方向"选择左，如图 4-2-22 所示，单击"确定"按钮。在标题栏上方，单击，放置明细表，拖动明细表至合适位置，拖动绿点改变明细栏的大小，如图 4-2-23 所示。

图 4-2-22

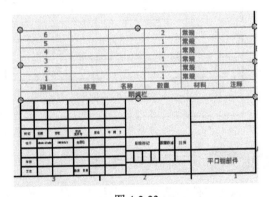

图 4-2-23

填写明细栏。单击"文本"，在对应的项目序号和名称一栏中，框选位置如图 4-2-24 所示。在弹出文本格式对话框中，选择字体类型为宋体，字体大小 3.5mm，输入文字"螺杆"，单击"确定"按钮，如图 4-2-25 所示。

6			2	常规	
5			1	常规	
4			1	常规	
3			1	常规	
2			1	常规	
1			1	常规	
项目	标准	名称	数量	材料	注释
			明细栏		

图 4-2-24

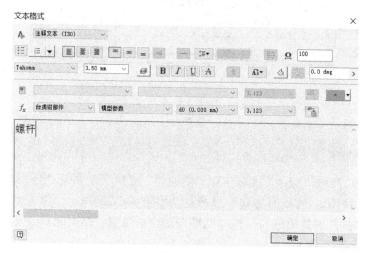

图 4-2-25

同理填写其他内容，如图 4-2-26 所示。

6			2	常规	
5		固定钳身	1	常规	
4		螺钉	1	常规	
3		活动钳口	1	常规	
2		钳口板	1	常规	
1		螺杆	1	常规	
项目	标准	名称	数量	材料	注释
			明细栏		

图 4-2-26

Step10 零部件的尺寸标注。

标注零件的总尺寸。单击菜单栏中的"标注"菜单，进行手工标
注。标注界面如图 4-2-27 所示。

标注装配件总长度尺寸。单击"尺寸"按钮├──┤，选择图形的左右
两个极限点，单击"确定"按钮，完成总长标注。同理可以标注总宽和
总高尺寸。

标注安装尺寸。单击"尺寸"按钮├──┤，选择俯视图两安装中心，
单击"确定"按钮，完成标注。

图 4-2-27

标注配合尺寸。单击"尺寸"按钮├──┤，选择螺杆与虎钳座配合位

置两条界线，拖动尺寸至合适位置，单击，弹出"编辑尺寸"对话框，将光标移到文首，写"φ"，将光标移到文尾，写"H8/h7"，单击"确定"按钮完成配合尺寸标注，如图 4-2-28 所示。

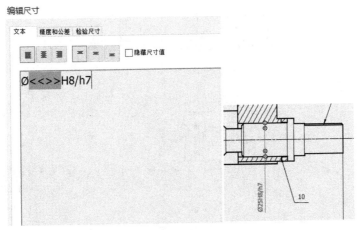

图 4-2-28

Step11 创建技术要求。

单击"标注"选项卡"文本"组"文本"按钮**A**，在合适位置单击对角两点，弹出"文本格式"对话框，在对话框窗口位置填写需要说明的技术要求文本，根据需要编辑文本格式，单击"确定"按钮，完成技术要求的创建，如图 4-2-29 所示。

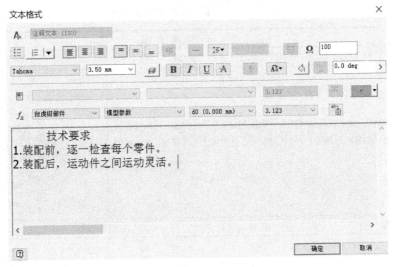

图 4-2-29

至此，完成装配部件工程图的创建，如图 4-2-30 所示。

Step12 保存文件。单击"保存"按钮，输入文件名：平口虎钳装配图。

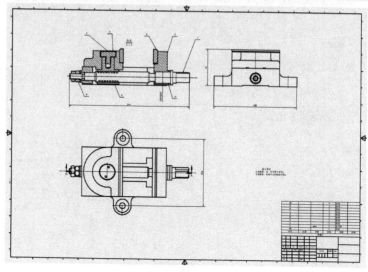

图 4-2-30

知识链接

知识点 **1** 放置明细栏的详细步骤（见表 4-2-1）

表 4-2-1　放置明细栏的详细步骤

序　号	详　细　步　骤
1	在"标注"选项卡的"表格"面板上，单击"明细栏"按钮
2	显示"明细栏"对话框并处于该命令的视图选择阶段。将光标移动到部件的等轴测视图上。当该视图以红色虚线边界亮显时，单击选择该视图
3	在"明细栏"对话框中，从"BOM 表设置和特性"区域中的"BOM 表视图"下拉列表控件中选择"仅零件"
4	在"明细栏"对话框中单击"确定"按钮。 矩形尺寸的明细栏将附着到光标上显示。现在可以将明细栏移动到工程图纸的某个位置上

序　号	详 细 步 骤	
5	移动明细栏以便它与工程图边框左上部对齐 注意，当光标位于工程图边框上时，会显示一个指示明细栏连接点的图标	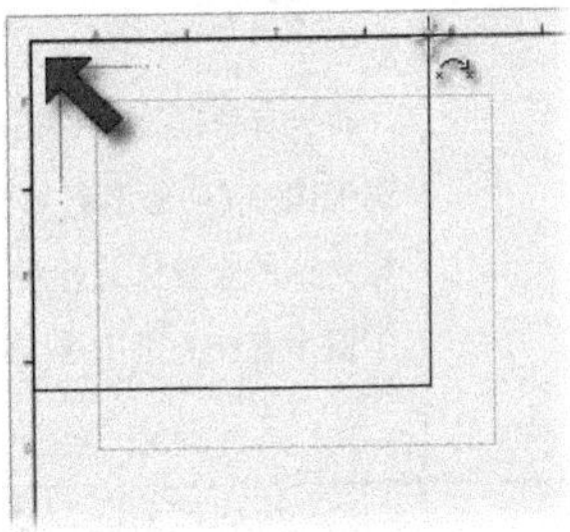
6	单击确定明细栏在工程图纸上的位置	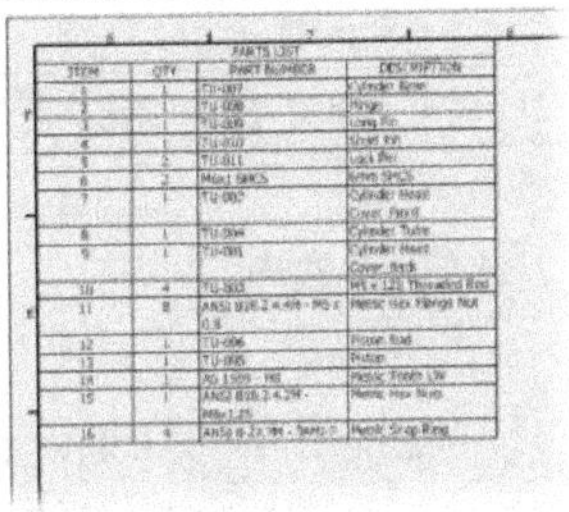

知识点 2 添加引出序号的详细步骤（见表4-2-2）

表4-2-2　添加引出序号的详细步骤

序　号	详 细 步 骤	
1	在功能区上，单击"标注"选项卡→"表格"面板，然后单击"引出序号"下的下拉菜单	
2	单击下拉菜单中的"自动引出序号"	
3	将光标移动到部件的等轴测视图上。当该视图以红色虚线边界亮显时，单击选择该视图	
4	使用"引出序号"命令来选择要引出序号的各个零部件。在此次练习中，将选择该视图中的所有零部件。单击视图几何图元的左上方，然后向右下方拖动鼠标。粉红色的矩形应该覆盖所有视图几何图元	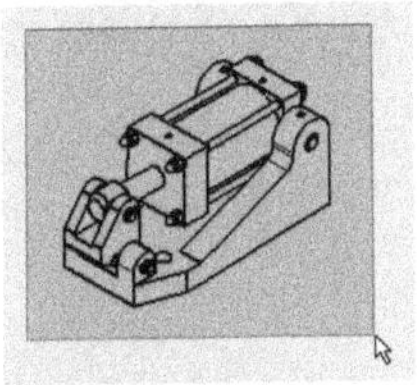
5	松开鼠标便会选中所有视图几何图™元	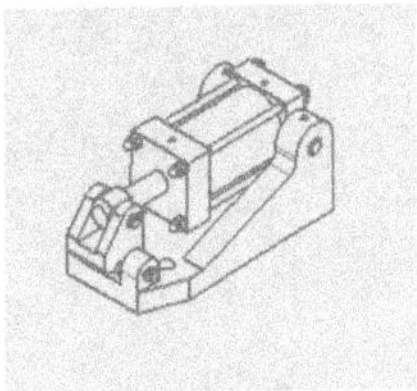
6	在"自动引出序号"对话框的"放置"区域中选择"周边"选项	
7	在"自动引出序号"对话框的"偏移间距"字段中输入值5mm	
8	在"自动引出序号"对话框的"放置"区域中单击"选择放置方式"按钮	

续表

序　号	详细步骤	
9	将光标移动到工程图纸中。当移动光标时，引出序号将调整自身以接近或远离视图中心。竖直行将根据光标的水平位置相对于视图中心移动。水平行将根据光标的竖直位置相对于视图中心移动。右侧的图例中使用"周边"选项显示了四个可能的引出序号位置	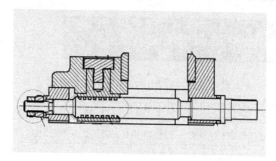
10	将光标移动到与上图右下象限中的显示最为相似的位置。当引出序号间距看上去相似时，单击显示引出序号箭头	
11	单击"自动引出序号"对话框中的"确定"按钮，接受并放置引出序号和箭头	

课后练习

1. 运用所学的知识，创建项目三任务 3.1 "课后练习"的装配工程图。

2. 将主视图中标识的螺纹连接部分改画成国标制图标准，如图 4-2-31 所示。

图 4-2-31

附　录

×××市"工业产品设计（CAD）技术"

竞赛题（180分钟）

第一部分

第1题：参赛选手根据所提供的软硬件环境，利用 Inventor 软件按照 1：2 的比例，重新生成三维数字模型，并根据工程制图标准画出零件六视图，标全尺寸、技术要求和粗糙度。（25分）

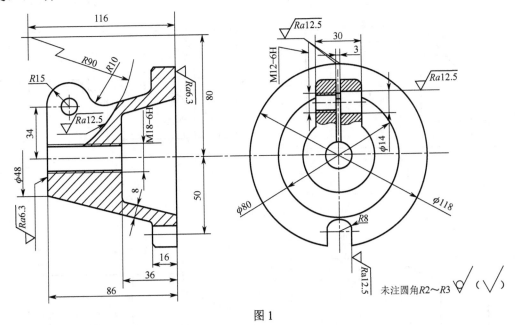

图 1

第2题：参赛选手根据所提供的软硬件环境，利用 Inventor 软件按照 1：1 的比例，重新生成三维数字模型，并根据工程制图标准画出零件六视图，标全尺寸。（25分）

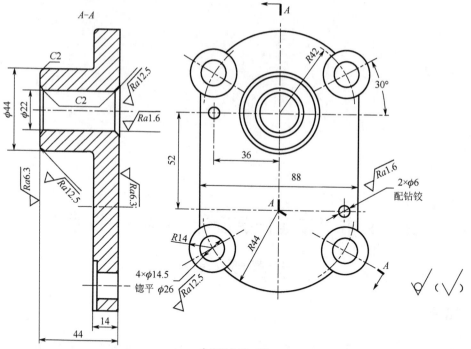

未注圆角R2～R3

图2

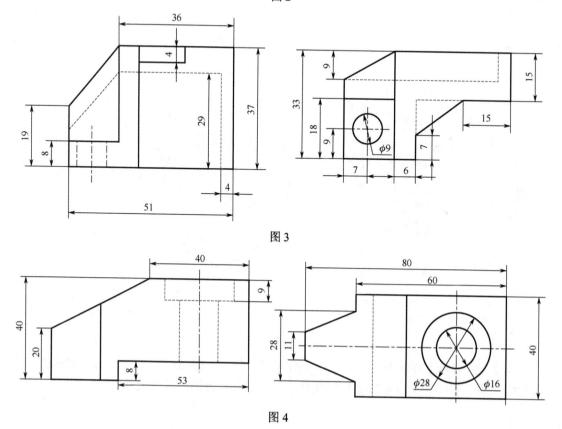

图3

图4

第二部分

参赛选手根据所提供的考题文件，现场提供软硬件环境，以所提供的产品（U 盘）线路板图纸为参考尺寸，对 U 盘的外观造型，用 Inventor 软件重新创意，设计制作，重新生成主要外观零件的数字模型，并制作六视图、产品外观六视图、产品装配图、爆炸图等工程图纸，标注主要尺寸；同时制作出产品立体渲染效果图（斜 45° 视角）。

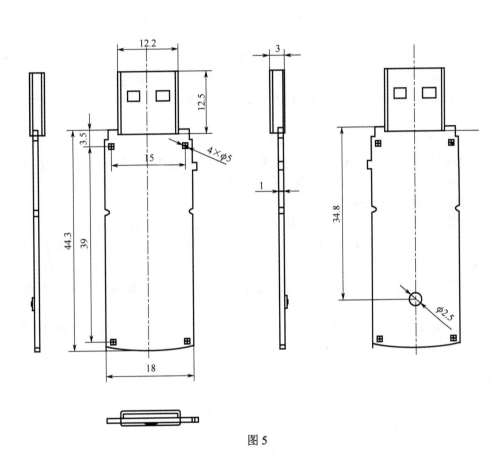

图 5

××省"工业产品设计（CAD）技术"竞赛题

题目一：根据齿轮油泵的零件图和装配示意图进行三维建模和装配，并输出部分工程图。（见附图1～附图3）（60分）

1. 按照零件图中所注尺寸生成齿轮油泵所包含的18个零件的实体造型（其中件18填料可以根据相关尺寸自行确定），不包括标准件。

2. 将生成的零件装配生成齿轮油泵装配体，要求包含标准件。

3. 生成爆炸视图，要求包含标准件，体现出相应的装配关系。

4. 将9、23号零件生成二维零件图，参照附图标全尺寸。

5. 要求提交三维数字模型、零件图，所有文件用零件（装配体）名称作为文件名，按要求分别保存为 ipt、iam、ipn、idw 格式，文件保存路径为 D:\ XXX（选手机位号）\题目一。

注：图中未注尺寸，可凭目测比例自行确定。

题目二：根据儿童理发器外观视图（见附图4）进行三维建模，并输出效果图。（40分）

1. 根据给定的外观尺寸完整再现产品的三维模型。

2. 内部结构和元件无须设计。

3. 自行设计配色，并输出三个角度的三维效果图，保存为 jpg 格式。

4. 要求提交三维数字模型、效果图，所有文件用零件或产品名称作为文件名，按要求分别保存为 ipt、iam、jpg 格式，文件保存路径为 D:\XXX（选手机位号）\ 题目二。

题目三：根据给出的自行车音箱内部核心部件及设计要求，完成自行车音箱的设计。（70分）

1. 自行车音箱内部核心部件为喇叭部分，如附图5，根据尺寸要求自行建模，图中未注尺寸，可凭目测比例自行确定。

2. 自行车音箱的尺寸根据设计的需要进行自行制定，必须配合给定的自行车音箱的核心部件。

3. 设计外观相关的主体零件、辅件和必要的结构。

4. 实现产品的以下几个功能：播放音乐、收音、照明。

5. 设计音箱固定在自行车上的固定架。

6. 考虑各零件间的连接关系。

7. 考虑产品的使用方便和安全，考虑外观的美观性。

8. 提交设计说明，说明文档应将产品图片与文字相结合，着重说明产品各设计要求的实现途径。

9. 提交文件：零部件三维数字模型（.ipt、.iam 文件）、六视图（.idw 文件）、爆炸图（.ipn 文件）、效果图3张(.jpg 格式文件,分辨率不低于800×600)、说明文档(.docx、.doc、.pptx 或.ppt 文件)。

10．注意事项：

（1）核心部件不得变更尺寸或结构。完成设计的产品必须包含上述核心部件。

（2）题目三所有文件须保存在 D:\XXX（选手机位号）\题目三；请勿为不同类型的文件建立单独的文件夹。

（3）各文件的命名应与实际零部件的作用相符，如"前盖""后盖"等，部件文件统一命名为"自行车音箱"。

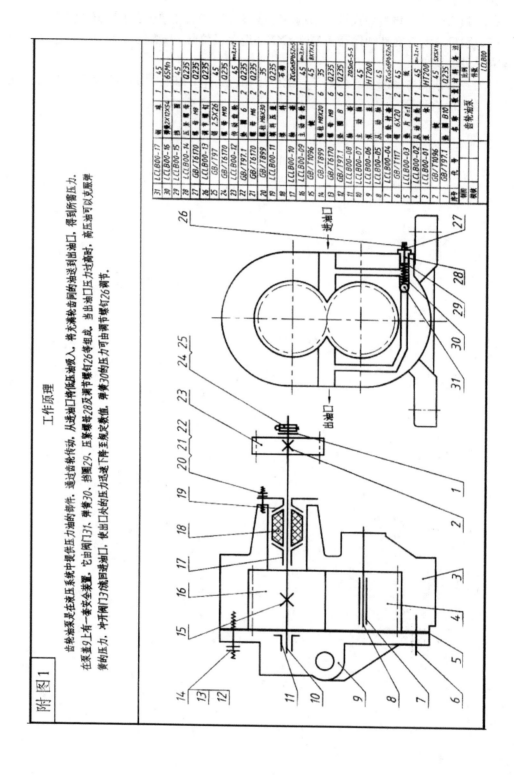

附 图 1

工作原理

齿轮油泵是在液压系统中提供压力油的部件。通过齿轮传动，将无滴轮齿间的油送到出油口，得到所需压力。

在泵盖9上有一套安全装置。它由阀门31、弹簧30、挡圈29、压紧螺母28及调节螺钉26等组成。当出油口压力过高时，高压油可以克服弹簧的压力，冲开阀门31流回进油口。从出口处的压力迅速下降主要规定数值，弹簧30的压力可由调节螺钉26调节。

31	LCLB00-17	阀	1	45
30	LCLB00-16	弹簧2×12×54	1	65Mn
29	LCLB00-15	挡圈	1	45
28	LCLB00-14	压紧螺母	1	Q235
27	GB/T6170	螺母M9	1	Q235
26	LCLB00-13	调节螺钉	1	45
25	GB/T97	垫2.5×26	1	Q235
24	LCLB00-12	螺钉M10	1	Q235
23	GB/T6170	出油接头	6	45
22	GB/T97.1	垫	6	Q235
21	LCLB00-11	螺母M6	2	Q235
20	GB/T6170	螺栓M8×30	2	35
19	LCLB00-11	密封压盖	1	Q235
18		填料	1	石棉
17	LCLB00-10	衬套	1	ZCuSn5Pb5Zn5
16	LCLB00-09	垫	1	45
15	GB/T1899	主动齿轮	1	45
14	LCLB00-08	螺钉M8×20	6	35
13	GB/T6170	螺母M9	6	Q235
12	GB/T97.1	垫圈	8	Q235
11	LCLB00-07	主动轴	1	45
10	LCLB00-06	从动齿轮	1	ZCuSn5Pb5Zn5
9	LCLB00-05	泵盖	1	HT200
8	LCLB00-04	齿轮轴套	2	ZCuSn5Pb5Zn5
7	LCLB00-03	销6×20	2	45
6	LCLB00-02	从动齿轮	1	45
5	GB/T117	键	1	45
4	LCLB00-01	主动齿轮	1	HT200
3	GB/T1096	键B10	1	45
2		泵体	1	SXSX16
1	GB/T97.1	垫	1	Q235
序号	代号	名称	数量	材料	备注

齿轮油泵 LCLB00

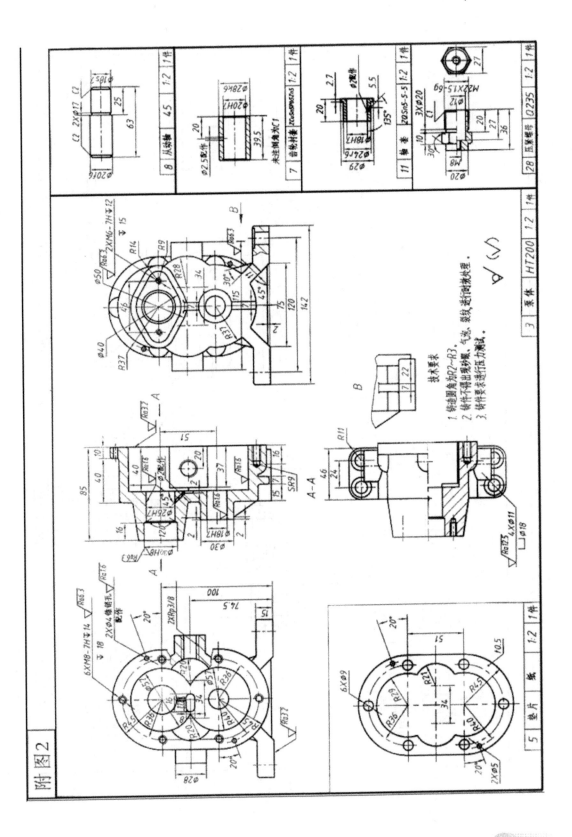

附 图 2

技术要求
1. 铸造圆角为R2~R3。
2. 铸件不得出现砂眼、气孔、裂纹，进行时效处理。
3. 铸件要进行压力测试。

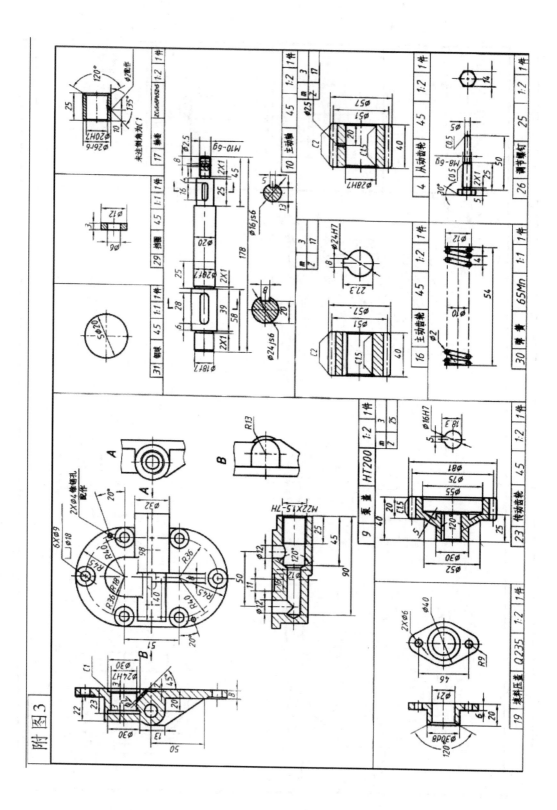

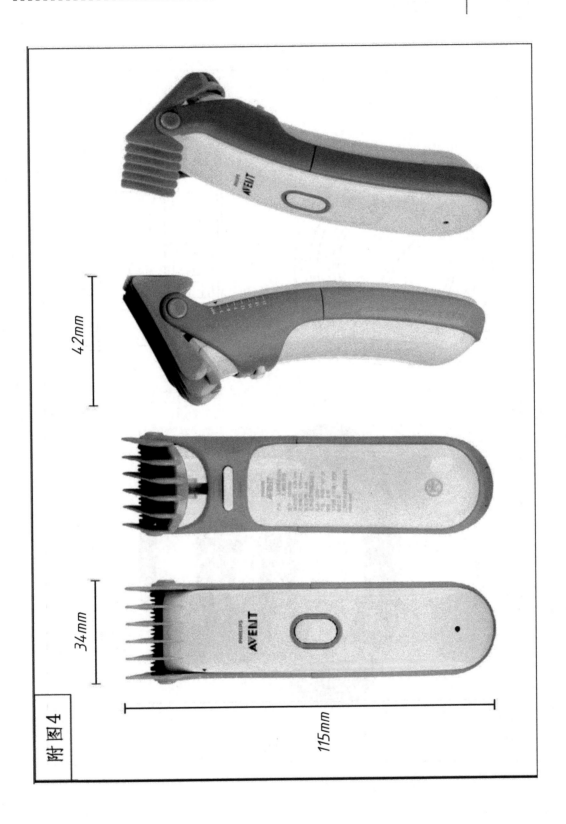

附图 4

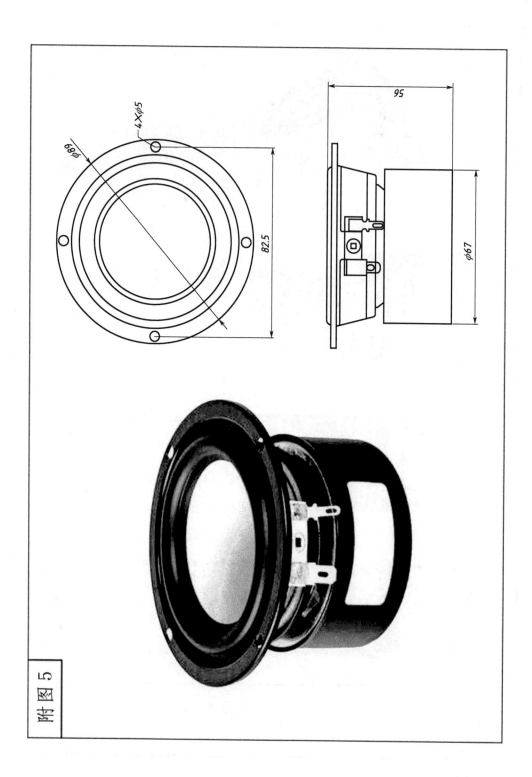

附图5